微软 MTA 认证 98-381

Python高分必看

100 小时 Python 从 0 到 1 完全学习实战

答得喵微软 MTA 认证授权考试中心/编著

张鹏/策划出品

— 融合 —
微软 MTA 认证
与计算机二级
Python 的
考点

U0244899

中国青年出版社

律师声明

北京市京师律师事务所代表中国青年出版社郑重声明：本书由著作权人授权中国青年出版社独家出版发行。未经版权所有人和中国青年出版社书面许可，任何组织机构、个人不得以任何形式擅自复制、改编或传播本书全部或部分内容。凡有侵权行为，必须承担法律责任。中国青年出版社将配合版权执法机关大力打击盗印、盗版等任何形式的侵权行为。敬请广大读者协助举报，对经查实的侵权案件给予举报人重奖。

侵权举报电话

全国"扫黄打非"工作小组办公室　　　　　　　中国青年出版社

010-65233456 65212870　　　　　　　　　　010-59231565

http://www.shdf.gov.cn　　　　　　　　　　　Email: editor@cypmedia.com

图书在版编目（CIP）数据

微软MTA认证98-381Python高分必看：100小时Python从0到1完全学习实战 / 答得喵微软MTA认证授权考试中心编著. -- 北京：中国青年出版社, 2020.1

ISBN 978-7-5153-5823-9

I. ①微... Ⅱ. ①答... Ⅲ. ①软件工具 — 程序设计 Ⅳ. ①TP311.561

中国版本图书馆CIP数据核字（2019）第202176号

微软MTA认证98-381Python高分必看
100小时Python从0到1完全学习实战

答得喵微软MTA认证授权考试中心 / 编著

出版发行：**中国青年出版社**

地　　址：北京市东四十二条21号

邮政编码：100708

电　　话：（010）59231565

传　　真：（010）59231381

企　　划：北京中青雄狮数码传媒科技有限公司

策划编辑：张　鹏

责任编辑：张　军

印　　刷：北京瑞禾彩色印刷有限公司

开　　本：787×1092　1/16

印　　张：18

版　　次：2021年1月北京第1版

印　　次：2021年1月第1次印刷

书　　号：ISBN 978-7-5153-5823-9

定　　价：129.00元（附赠独家秘料，含本书所有源代码及案例素材文件）

本书如有印装质量等问题，请与本社联系　电话：（010）59231565

读者来信：reader@cypmedia.com　　　投稿邮箱：author@cypmedia.com

如有其他问题请访问我们的网站：http://www.cypmedia.com

100 小时 Python 从 0 到 1 完全学习实战

—融合—
微软 **MTA** 认证
与计算机二级
Python 的
考点

微软 **MTA** 认证 98–381

Python
高分必看

答得喵微软 MTA 认证授权考试中心/编著

张鹏/策划出品

中国青年出版社

阅读指导

为什么学这本书？

世上有两种人，一种会编程，一种不会编程，他们不一样。

"你们的监考老师和客服几分钟做的事情，我们几个人需要花好几天。"友商来看我们开发的答得喵考试预约管理系统时，如是说。

从一开始决定做答得喵考试中心的时候，我就在想，"答得喵如何在考试中心中脱颖而出？"在答得喵具备的众多优势中，我们发现了一个比较独特的点，我们出身于互联网公司，05年开始就不断参与开发各种互联网产品，而且产品表现还不错，我们知道如何做互联网产品，我们会编程！

凭借着流畅的购买体验，流畅的预约体验，流畅的考试体验，我们始终在微软众多的合作伙伴中名列前茅，甚至微软自己都会采购我们的产品及服务，而这一切的背后，依托的就是我们开发的互联网产品。

过去，为了生存，我们一度以办公类软件（Office、Adobe）教程、教材和认证考试为主要切入点，毕竟这个领域覆盖的受众最多。在传授办公软件的过程中，我们发现很多人对VBA特别感兴趣，因为通过VBA可以让自己的工作自动化起来，但VBA能做的事情有限，虽然我们也做了相关的教学内容，但是并不深入。我们需要一个更加优秀的编程语言，所以经过近2年的筹备，随着微软MTA国际认证与计算机二级均把Python纳入的大势，推出了本书。

谁应该读这本书？

现在学习Python的方法有很多，那么这本书又是为谁而做的呢？

首先就是那些：

- 需要参加微软MTA国际认证考试的考生
- 需要参加计算机二级Python考试的考生

我们是一个国际认证的考试中心，我们觉得"应试"不是一个贬义词，而是一个中性词。对于很多人来说，"应试"可以是我们的一个阶段性目标，让我们为之而努力，最终获得一个阶段性能力的证明，这绝对是一种乐趣！

还有就是那些：

- 没有编程基础，希望通过学习编程，来提升工作效率的人们。
- 没有编程基础，希望通过学习编程，来改变工作轨迹的人们。
- 没有编程基础，就是单纯兴趣爱好的人们。

没有编程基础，是一个高频出现的词汇，是

的，本书就是针对那些编程零基础的人士，如果有基础，您可能会觉得本书中的很多内容过于基础，但是我们写本书的初衷就是希望接引更多的零基础人群。

怎样打好基础呢？本书最大的特点就是成体系，基于对微软MTA认证98-381Python和计算机二级Python两大体系的深入研究为基础，综合其所有内容，并综合实践经验所成，这两个体系，都是针对夯实Python基础的。当然，中外名师对哪些知识点，是夯实Python基础所必须的，在认知上会略有不同，我们将两者进行融合。因此，通过学习本书，您可以更好地夯实Python的基础，为以后的学习，打下良好的基础。

可能你会说，我可不仅仅是想学好基础。其实学编程和学语言是一样的，都需要一个过程。首先，你需要通过背单词，学语法来打好基础，然后就可以进行听说读写，通过实际应用来进行深入学习。本书的定位，就是一个接引手册，通过使用可靠的体系帮你打好基础。简单来说，就是认真学完本书的前十四章，然后再看到专业文档或资料的时候，你就会发现，都能看得明白了，这就是第一个目标，当然考个认证，也可以作为检验的手段。到了本书的第十五章，我们将看到在实践中，我们该如何应用。

本书作为入门书，其中一个比较重要的原因就是，可能没有人敢说自己精通Python了，因为它实在过于强大，可以干很多事情，有的人用来写小程序解解闷，有人用来自动化自己的工作，NASA用来发射飞船，Google用来做搜索引擎……每个人专注的领域不同，就会有不同的侧重，光是那些Python拿来就可以用的库，截至目前就有十几万个，这让最专业的程序员可能也很难说自己掌握了全部精华，所以一入Python的门，可能就是一辈子的事了。

如何学习本书？

借用一句古语，编程有路用为径，代码无涯敲作舟。

编程看起来别人写得就那么几行，每一行都清晰明了，貌似很简单，但是轮到自己上场时，就找不到北了。

所以本书在撰写的时候，我借鉴了《笨办法学Python》，最大的特点就是先安排敲代码，本书也安排了大量的练一练（脚本式编程）和看一看（交互式编程），你也许未必能一下子明白练一练或看一看中代码的意思，但是请先不要管那么多，敲了再说。先去体会用代码与计算机交流的感觉，在这个过程中，你也才会遇到出错、计算机异常等情况，并学会应对，久而久之，就可以有效地消除日后编程时的陌生感与紧张感。

学习这本书的好处？

1. 训练思维

学Python或者扩展至学编程，其实是训练我们的思维，通过编程学会的思维，是区别于逻辑思维与实证思维的第三种思维模式。它是我们寻求问题解决方案的一个过程，我们需要分析问题，抽象内容之间的交互关系，设计利用计算机求解方法，进而通过编写和调试代码解决问题。它能够促进我们思考，增进我们的观察力和深化对交互关系的理解。

思维的提升有这么重要么？数学家高斯的故事相信大家都知道，小学时，老师要求高斯所在班级的学生从1+2+3一直加到100，其他同学都费劲的一个数一个数的加，只有小高斯注意到了这些数可以两两配对，相加和为101，一共有50对，最后的和可以用乘法来做：50×101=5050。

高斯和其他同学所用的方法，都可以达成目标，在编程上称之为算法。算法的复杂度包含时间复杂度和空间复杂度，时间复杂度指执行算法需要的计算工作量，我们当然是希望解决同样的问题，需要的计算工作量越少越好，编程可以帮助我们快速尝试各种算法，来比较不同算法之间的差异。比如可以对比自己写的程序，在算法上与他人有什么不同，尝试运行来对比效率，为我们提升自己的思维提供了便利性。

2. 提升工作效率

很多运维工程师，编写了很多代码，实现了自动化运维；很多商业分析师，编写了代码，实现了报表的自动化生成……如今，人们面临的大多数工作都能通过编写计算机软件来完成。这是一个机器替代人的时代，这是程序员的时代，也是非程序员学习编程的时代。

3. 新的事业机会

既然这是一个机器学习，大数据盛行的时代，机器替代人已经不可逆地在逐渐发生，各行各业都在如火如荼的尝试用机器替代人，能够帮助各行各业完成这方面工作的人才看似很多，但实际上非常短缺。如果你厌倦了当下的工作，没准这是一个出路。

4. 增添生活情趣

其实编程不止能够用于工作，生活之中也是可以的，比如编一个用于表白的小程序，编一个整蛊同窗的小软件……

好处太多了，慢慢你会发掘更多。

本书有什么特点？

● 融合了微软MTA认证98-381Python以及计算机
二级Python两个体系的知识点，并进行了详细的
标注，让你"学贯中西"。

● 不断更新，就像我们被网友称为大黄的《微软办
公软件国际认证MOS Office 2016七合一高分必
看 办公软件完全实战案例400+》一样，本书采用
互联网+的方式，不断增补内容。

● 每个知识点用练一练和看一看模块来带出，读者
可以跟随敲代码，培养感觉。

最后，感谢微软教育和Certiport在本书撰写上，
给予的各种支持，感谢读者能够选择这本书用于学习
Python。由于个人水平有限，本书难免会有疏漏之
处，还希望各位读者能不吝赐教，在此，我先谢谢大
家了。

编　者

目录

01 Chapter

环境搭建

02 Chapter

PYTHON学前须知

03
Chapter

变量

04
Chapter

数据类型

05
Chapter

运算符

06
Chapter

条件和条件语句

07 Chapter

循环

08 Chapter

函数

09 Chapter

模块

10

Chapter

面向对象

11

Chapter

程序的输入与输出

12

Chapter

数据组织

13

Chapter

错误与异常的处理

14

Chapter

PYTHON计算生态庞大的第三方库

15 Chapter

实际应用

附录

Appendix

01

Chapter

环境搭建

程序员通常需要在工作用的电脑上搭建一套开发环境，开发之后，在产品正式上线前，程序员还可能需要在服务器上搭建生产环境，产品发布之后，才有了我们使用的各种软件产品。本章，我们也需要在电脑上进行环境搭建。

学习时长：2小时

Python支持主流的操作系统Windows、macOS、Linux。本书的重要功能就是用作微软MTA认证98-381Python以及计算机二级Python的教材，因此绝大多数内容都遵循的是微软MTA认证98-381Python和计算机二级Python的大纲（仅就这两者来说，侧重点和差异还是挺大的，具体读者可以参考附录的考试大纲），当然，为了实用性，本书还增加了不少大纲之外的内容。

在环境搭建上，本书同样遵循MTA和计算机二级的要求，这两个体系在这个方面倒是一致的，都是基于Windows + Python3，比如：MTA-Python的题目是基于（Windows + Python3.x）、计算机二级的考试环境是（Windows 7 + Python3.4.2至3.5.3）。

我们就以（Windows 7 + Python3.5.3）为例，来搭建环境。如果你使用的操作系统是Windows 10，也是可以无缝链接的。（32位或者64位的系统，对于学习本书来说，没有区别。）

其他操作系统（macOS或Linux）环境搭建的方法，作为可选内容，大家可以扫描二维码来查看相关内容。温馨提示：如果你是准备参加这两科考试，那么还是最好准备对应的环境，否则可能出现学习和考试不匹配的情况。

手机扫一扫，
查看相关扩展内容

文档管理对于提升效率有很大帮助，每个人都有自己的文档管理习惯，哪怕乱摆，也是一种习惯，文档管理的第一步就是规划文件夹，下面提出一种目录划分的方式供大家参考。

表1-1　目录划分及其用途

目录名称	内　容
Python	一级目录，存放和Python相关的文件夹，具体内容放在二级目录中
Package	二级目录，存放Python安装包及其相关软件，比如：集成开发环境IDE的安装包
Project	二级目录，存放用Python创建的各种脚本文件
Program	二级目录，Python及IDE的安装目录

温馨提示

此处没有使用默认的目录安装Python，原因在于，以后在为Python安装各种库的时候，可以有效地避免目录权限不够的问题。

使用本建议进行目录划分之后，如果使用的是Windows系统，如图所示，具体是否放在C盘，可以根据自己电脑的实际情况而定。

图1-1　Windows系统目录划分案例

1.1 安装PYTHON

由于Python是一种脚本语言（其余的脚本语言，还有诸如：PHP、JavaScript等），脚本语言在执行方式上和静态语言不同（典型静态语言，如：C语言、Java语言），静态语言一旦经过编译，执行时，就不再需要编译程序或者源代码，而脚本语言，每次执行程序时，都需要解释器和源代码，所以为了学习Python，我们需要安装Python解释器（interpreter[1]）。

如果你用的是macOS或Linux，那么你的电脑上应该已经默认安装有Python，只不过有可能是Python2.x的版本（2.x泛指Python2下的所有版本），这种默认的版本和我们考试时会用到的，有很大不同，不宜用于备考，如图所示：

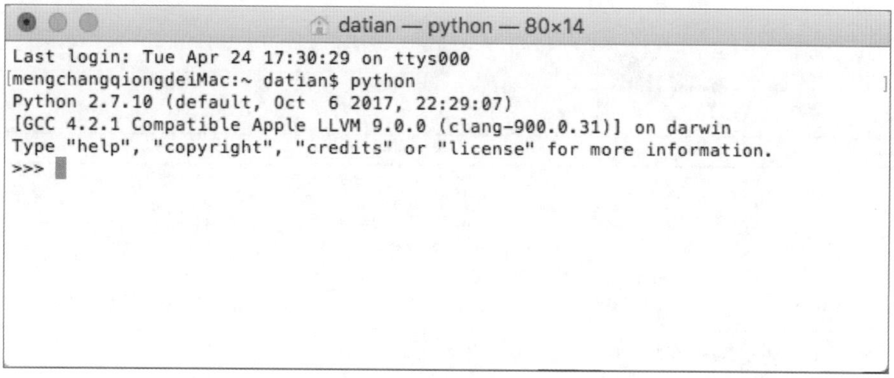

图1-2 macOS上默认安装的Python版本

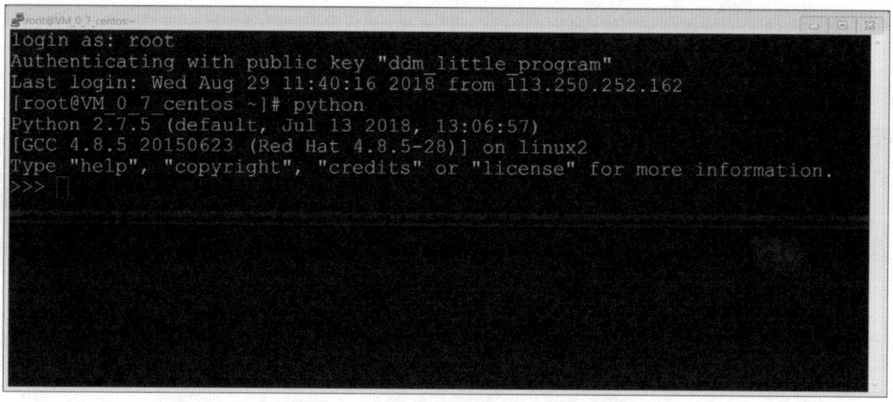

图1-3 Linux上默认安装的Python版本

如果碰巧你使用的是这两种系统，那么你需要安装Python3才能符合考试要求。

由于微软MTA 98-381 Python的指定环境是Windows + Python3.x，而计算机二级的考试环境是（Windows 7 操作系统 + Python3.4.2至3.5.3），所以我们介绍如何在Windows系统下，下载并安装Python3.5.3，这里我们建议安装Python3.5.3的32位的版本，大家可以根据自己的环境自主选择。

1　interpreter 是解释器的英文，在一些流行的Python IDE中，在设置环境时会碰到这个词汇。

下载安装Python请访问：https://www.python.org/downloads/ （这是Python下载的网址），（Python官网网址：https://www.python.org/），打开下载网址之后，如图所示：

Python 3.7.0	2018-06-27	⬇ Download	Release Notes
Python 3.6.6	2018-06-27	⬇ Download	Release Notes
Python 2.7.15	2018-05-01	⬇ Download	Release Notes
Python 3.6.5	2018-03-28	⬇ Download	Release Notes
Python 3.4.8	2018-02-05	⬇ Download	Release Notes
Python 3.5.5	2018-02-05	⬇ Download	Release Notes
Python 3.6.4	2017-12-19	⬇ Download	Release Notes
Python 3.6.3	2017-10-03	⬇ Download	Release Notes
Python 3.3.7	2017-09-19	⬇ Download	Release Notes
Python 2.7.14	2017-09-16	⬇ Download	Release Notes
Python 3.4.7	2017-08-09	⬇ Download	Release Notes
Python 3.5.4	2017-08-08	⬇ Download	Release Notes
Python 3.6.2	2017-07-17	⬇ Download	Release Notes
Python 3.6.1	2017-03-21	⬇ Download	Release Notes
Python 3.4.6	2017-01-17	⬇ Download	Release Notes
Python 3.5.3	2017-01-17	⬇ Download	Release Notes
Python 3.6.0	2016-12-23	⬇ Download	Release Notes
Python 2.7.13	2016-12-17	⬇ Download	Release Notes

图1-4　python所有发布的版本

　　页面最顶端是Python的最新版本的宣传，下方如图所示，是所有版本列表，其中我们需要的Python3.5.3的版本也在列表中。

　　为了方便大家下载，本书所用到的软件Windows系统的安装包，可扫描右侧二维码打开。

　　Python会不断更新，所以了解这个网址还是有用的，方便以后下载新的版本。点击【Python 3.5.3】，我们就会进入到3.5.3版本的页面，如图所示：

手机扫一扫，
查看相关扩展内容

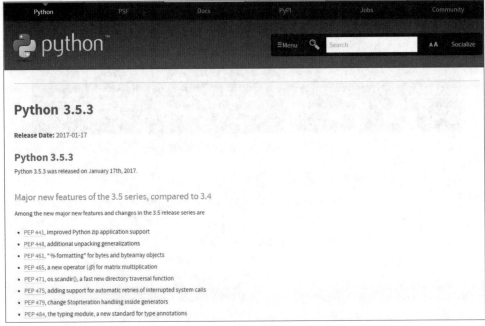

图1-5　Python 3.5.3的下载页面

拖到页面底端，我们会看到一个名为Files的节，里面有适用于各种操作系统的Python下载链接，如图所示：

Files

Version	Operating System	Description	MD5 Sum	File Size	GPG
Gzipped source tarball	Source release		6192f0e45f02575590760e68c621a488	20656090	SIG
XZ compressed source tarball	Source release		57d1f8bfbabf4f2500273fb0706e6f21	15213396	SIG
Mac OS X 32-bit i386/PPC installer	Mac OS X	for Mac OS X 10.5 and later	4994f588ebad17c4bf12148729b430d5	26385455	SIG
Mac OS X 64-bit/32-bit installer	Mac OS X	for Mac OS X 10.6 and later	6f9ee2ad1fceb1a7c66c9ec565e57102	24751146	SIG
Windows help file	Windows		91600322a55cff692dd7fbcb2fb0d841	7794982	SIG
Windows x86-64 embeddable zip file	Windows	for AMD64/EM64T/x64	1264131c4c2f3f935f34c455bceedee1	6913264	SIG
Windows x86-64 executable installer	Windows	for AMD64/EM64T/x64	333d536b5f76f95a6118fb2ecd623351	30261960	SIG
Windows x86-64 web-based installer	Windows	for AMD64/EM64T/x64	b6be1ce6e69ac7dcdfb3316c91bebd95	974352	SIG
Windows x86 embeddable zip file	Windows		7dbd6043bd041ed3db738ad90b6d697f	6087892	SIG
Windows x86 executable installer	Windows		2f5c4eed044a49f507ac64ad6f6abf80	29347880	SIG
Windows x86 web-based installer	Windows		80c2aff5d76767a5a566da01d72744b7	948992	SIG

图1-6　下载安装包

其中有适用于64位Windows系统的<u>Windows x86-64 executable installer</u>，以及适用于 32位系统的<u>Windows x86 executable installer</u>，还有适用于macOS系统、Linux系统的安装包。

如果计算机二级或者微软MTA的环境要求有变化，我们会在网上进行公布，扫描二维码可及时追踪最新动态。

手机扫一扫，
查看相关扩展内容

1.1.1　Windows下安装Python

下载好了安装包之后，此处以安装32位为例，只需双击安装包python-3.5.3的图标，如右图所示：

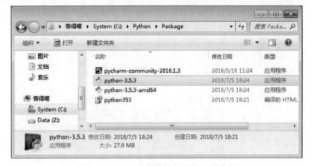

图1-7　Python安装包此处以32位为例

启动安装程序，如下图步骤所示进行安装。

图1-8　勾选【Add Python 3.5 to PATH】
再点击【Customize installation】

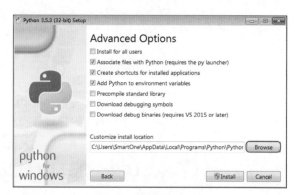

图1-9 点击【Next】

图1-10 点击【Browse】

图1-11 选择Python文件夹下的Program文件后点击【确定】

图1-12 点击【Install】

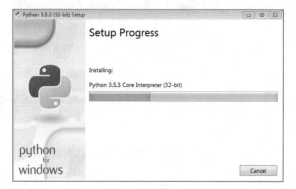

图1-13 安装进行中

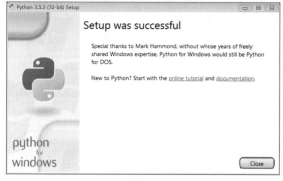

图1-14 安装完毕，点击【Close】

1.2 开发学习必备: IDLE简介

要学习Python，一个IDE（Integrated Development Environment）中文全称：集成开发环境，是必不可少的。

虽然，市面上有数种可以用于Python编程的IDE，比如：Sublime Text、PyCharm、Eclipse等，但是，本书的目标是帮你在Python方面完成从0到1，所以我们就近取材，直接使用Python自带的IDLE。这一点，恰恰和计算机二级大纲的要求（熟练使用IDLE开发环境）不谋而合，如果是对种类繁多、各具特色的IDE特别有兴趣，也可以自行搜索安装，个人来说，用IDLE和PyCharm更多。

在讲述IDLE之前，我们有必要了解运行Python的两种方式：一种是交互式，一种是脚本式。

1.2.1　交互式

进入交互式有三种方法，第一种，我们可以通过Windows系统的命令提示符来进入。接下来我们看一下如何在Win7中运行命令提示符程序。

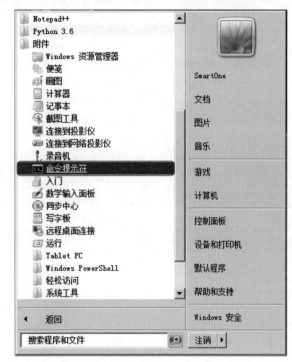

图1-15　Win7中调出命令提示符【开始】→【附件】→【命令提示符】

可以通过搜索引擎看看还有什么进入【命令提示符】程序的方法。

接着，我们来看看如何在命令提示符下，进入交互式。

练习 Windows命令提示符下，交互式运行Python。

练一练（交互模式）

```
Microsoft Windows [版本 6.1.7601]
版权所有 (c) 2009 Microsoft Corporation。保留所有权利。

C:\Users\SmartOne>python
Python 3.5.3 (v3.5.3:1880cb95a742, Mar 28 2018, 16:07:46) [MSC v.1900 32 bit
(Intel)] on win32
Type "help", "copyright", "credits" or "license" for more information.
>>> print("Hello Python")
Hello Python
>>> ^Z


C:\Users\SmartOne>
```

> **温馨提示**
>
> 1. 首先以Windows系统为例，输入python命令并回车，进入Python交互式，就可以看到Python正式运行了。
> 2. "Python 3.5.3 (v3.5.3:1880cb95a742, Mar 28 2018, 16:07:46) [MSC v.1900 32 bit (Intel)] on win32" 这一段是什么意思呢？最主要就是告诉你，你现在运行的Python版本，很明显，我们现在用的是Python 3.5.3的32 bit位版本。
> 3. "Type 'help' 'copyright' 'credits' or 'license' for more information." 这个部分是一些用于查询帮助、版权等信息的命令，直接在命令提示符>>>[2]后输入对应的命令即可（"help" "copyright" "credits" or "license"），比如说help，你需要输入的是help()，也是这四个中最有用的，比如我们希望查询函数、模块等都靠它了，在输入了help()并回车之后，将看到一段英文来具体介绍如何使用帮助，然后你会发现，命令提示符变成了help>，输入topics可以继续得到更多帮助主题。例如：想查询print函数的用法，就可以在help>后输入print。
> 4. 在命令行提示符>>>后，我们输入了第一条语句print("Hello Python")和回车，我们就会看到屏幕上打印出了Hello Python。
> 5. 在Windows中，可以通过组合键Ctrl+Z（macOS中为Ctrl+D）来退出Python。

第二种进入交互模式的方法，是通过IDLE。

图1-16　进入IDLE【开始】→【Python 3.5】→【IDLE】

进入IDLE后，默认情况下进入的就是交互模式[3]，如图所示：

图1-17　IDLE交互模式

2　二级需记住的概念。
3　默认进入什么模式可以通过配置IDLE进行修改。

如果你进入的不是上图的界面，那么进入的应该是IDLE的文件模式，只需点击【Run】→
【Python Shell】，就可以回到交互模式。

图1-18　IDLE如何从文件式到交互式

第三种，【开始】→【Python3.5】

图1-19　【开始】进入交互

使用交互模式，可以直接输入你想要运行的Python语句，Python解释器会即时响应用户输入的代码
并输出结果。一般用于调试少量代码。但是，如果希望修改/复用代码，交互式就显得力不从心了。

1.2.2　文件式

虽然推荐使用IDLE，不过有时候由于条件所限，我们不得不就地取材，所以虽然不推荐，但还是给
大家看看直接用记事本作为脚本编辑工具的感受，以备不时之需。当然对于复杂的脚本，强烈不建议用
记事本。所以此处，我们的第一个Python脚本还是很简单的，在记事本中敲入print("Hello Python")，
此处还是需要特别提醒，如果你用的是中文系统，要特别注意，标点符号应用英文标点，而不是用中文标
点，中文标点会导致语法错误。如图所示：

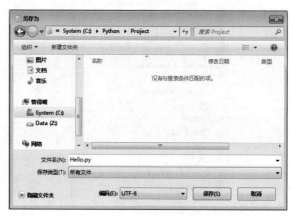

图1-20　Windows下用记事本编辑Python脚本

完成了脚本编写后，我们需要把脚本保存下来，按照目录划分章节，选择Python文件夹下的Project文件夹，输入文件名，比如Hello.py，记得【保存类型】选择【所有文件】，【编码(E): 】选择UTF-8，点击【保存】。如下图所示。

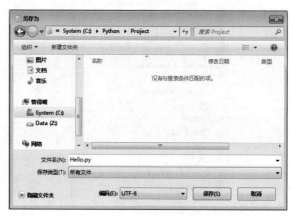

图1-21　另存脚本

怎么运行保存好的脚本呢？【关闭】记事本，在命令提示符里运行一下：

练习 Windows下进入命令提示符，用脚本模式运行Python程序。

练一练

```
Microsoft Windows [版本 10.0.16299.402]
(c) 2017 Microsoft Corporation。保留所有权利。

C:\Users\Handy>cd /python/project

C:\Python\Project>python hello.py
Hello Python

C:\Python\Project>
```

 温馨提示

1. 输入cd /python/project，是在Windows下通过命令行的方式，切换到Python文件夹下的Project文件夹（成功运行这个命令的前提是，文件夹建立方式与本书一致，否则，路径会有所不同）。

2. 输入python hello.py，就是以文件式运行Python脚本，此处，这个脚本的名称就是hello.py。
3. 我们会看到系统输出了一个Hello Python。

在IDLE下重写，点击【IDLE】，进入脚本编辑模式敲入代码，如图所示：

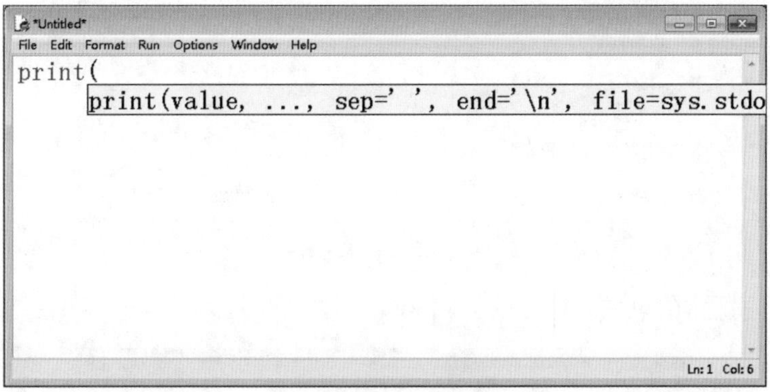

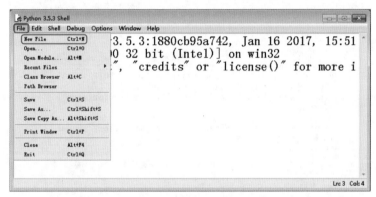

图1-22 在IDLE下敲代码

我们可以看到，在IDLE脚本编辑器下，我们输入函数print以及“(”之后，自动会有黄色的提示显现出来，这就体现出了IDLE的优势之一提示）。

如果操作中的IDLE进入的界面与本书不同，不必着急，可点击【File】→【New File】，如图所示进行切换：

图1-23 从交互模式进入脚本模式【File】→【New File】

我们该如何保存脚本呢？

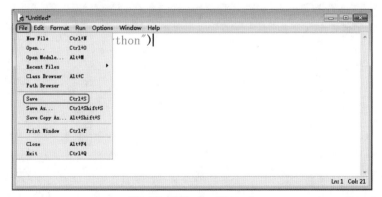

图1-24 【File】→【Save】

图1-25　输入文件名

脚本写好之后，该如何运行呢？

图1-26　【Run】→【Run Module】

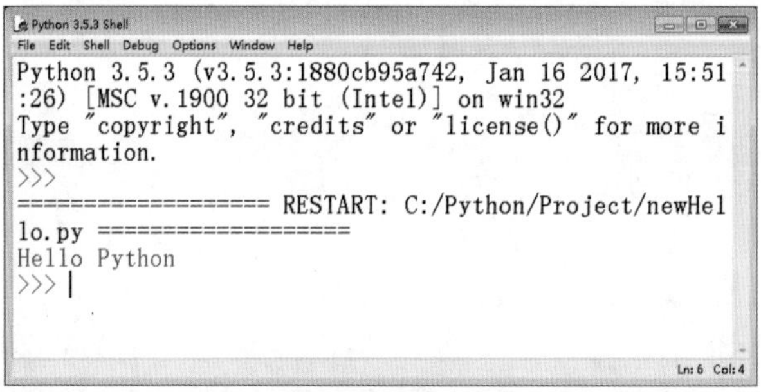

图1-27　运行结果

1.2.3　两种方式的对比

图表1-2　两种方式对比

	交互式	文件/脚本式
快捷	胜	
修改		胜
复用		胜

所以，可见二者的适用场景非常不同，大多数情况下，对于真正编程来说，使用文件式更多。
在本书中，根据不同场景，两种模式都会用到。

1.2.4 Windows IDLE的设置与使用

IDLE是否好用直接关系到我们的工作效率，所以我们可以对IDLE进行一些设置，使其更符合自己的操作习惯。

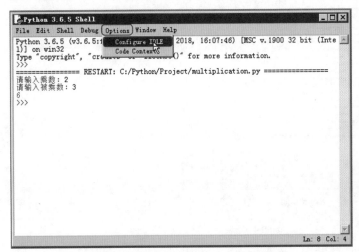

图1-28 【Options】→【Configure IDLE】

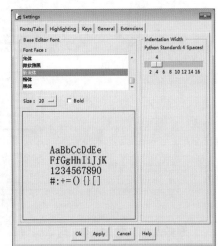

图1-29 【Fonts/Tabs】选项卡-字体设置

【Fonts/Tabs】选项卡，我们可以选择字体以及字体大小，以及是否加粗等选项。

Python特别讲究缩进（关于缩进的详细内容，见第2章），所以在Indentation Width里，会看到有一个Python Standard：4 Spaces(Python标准：4个空格)的设置，这个不要去修改。

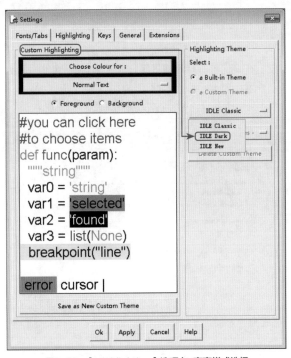

图1-30 【Highlighting】选项卡-高亮样式选择

对于【Highlighting】选项卡，你也可以自行选择，建议【IDLE Dark】深色背景更有利于长时间编码，眼睛相对比较舒适，设置后，点击【Apply】。

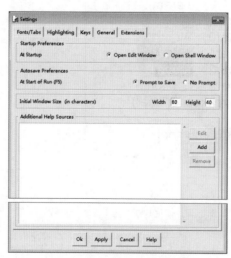

图1-31 【Keys】选项卡，快捷键设置

很多人喜欢用快捷键，可以好好看一下【Keys】选项卡。

这里我们筛选了5个最常用的快捷键列表，供大家参照。

记一记

表格1-3 IDLE最常用快捷键(请注意区分交互式和文件式)

快捷键	描述
Ctrl+N	在IDLE交互式界面下，新建文件式的窗口
Ctrl+Q	退出IDLE(交互/文件)
Alt+3	在IDLE内，注释选定区域（注释很重要，详情见第2章）
Alt+4	在IDLE内，取消选定区域注释
Alt+G	在IDLE文件式下，快速定位到某一行
F5	在IDLE文件式下，执行Python程序

图1-32 【General】选项卡

这个选项卡里面有一个非常重要的选项，【At Startup】有两个选项【Open Edit Window】（文件/脚本式）和【Open Shell Window】（交互式）。可选择IDLE默认的运行方式，如果选择的状态是【Open Shell Window】，也就是交互式（Python IDLE的默认选项），这就是我们初始安装Python之后，点击运行IDLE，会直接进入交互式的原因。

如果我们需要打开IDLE之后，直接进行脚本编辑，那么我们就要选择【Open Edit Window】，也就是文件/脚本式，然后点击【Apply】→【OK】。个人来说，更喜欢【Open Edit Window】这种方式，如此设置之后，再次打开Python的IDLE，可直接进入脚本编辑状态。

1.2.5 IDLE不得不知的快捷键Tab

制表键Tab其实也可以充当缩进使用，当然按照PEP 8的规范要求，应该使用4个空格，此处我们要说的不是缩进，而是Tab会帮我们智能补齐代码，用习惯了之后，会比较方便。

比如我们要输入print函数，但是只记得开头是pr，后面的拼写不记得的时候，我们可以在输入完pr之后点击Tab键，会发现很多系统建议。

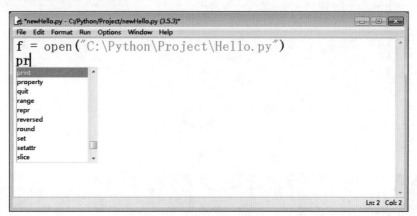

图1-33　TAB键的妙用

在交互模式下，Tab键也可以发挥作用，习惯了使用Tab之后，可以大幅提升我们编程的效率。

1.2.6 热身一下

学习了这么多，相信你已经开始摩拳擦掌了，那就不多废话，让我们先尽情地在IDLE里面敲击一下，找找编程序的感觉，此处有1个短小精悍的程序，可以先上上手，看看自己能不能使其输出正确的结果？

练手小程序，计算长方形面积（1_3.py）。

练一练

```
# 计算长方形的面积

width = int(input("请输入长:"))
height = int(input("请输入宽:"))
area = width * height
print('您输入的长是%d, 宽是%d, 计算得出面积%d' % (width, height, area))
```

也许你现在还不知道这些代码究竟是什么意思，这不重要，主要是先培养手感。

上述代码运行的结果会是怎样的呢？

运行第一步，你会看到系统提示："请输入长"，此时可以输入，希望计算面积的长方形的长度，这里以20为例，输入完成后单击回车，系统会提示："请输入宽"，此时你可以输入长方形的宽度，此处以10为例，输入完成后单击回车，将会看到："您输入的长是20，宽是10，计算得出面积200"。

图1-34　程序运行结果

1.3　判断题

1. Python语言是非开源语言。
2. C语言是静态语言，Python语言是脚本语言。
3. Python文件的后缀是pyn。
4. Python是解释性语言。

答案以及解释请扫二维码查看。

手机扫一扫，
查看相关扩展内容

02
Chapter

PYTHON
学前须知

学习编程，对于新手来说，最好从一开始就养成良好的习惯。另外，操作中，难免会出现错误，这里我们将对学习中可能出现的错误，有个预先的了解。做到这两样，后续的学习过程也会更加顺畅。所以，本章的学前须知，会带着大家通过尝试，逐渐熟悉并消除犯错的紧张。

学习时长：本章开始需要上手操作，而且内容较多，考虑到刚上手，需要熟悉，建议要反复练习，练习10小时左右。

在学习Python的过程中，会用到一些工具并学习很多新概念，本章，我们将了解一下这部分内容，以便后续学习的时候，更加顺畅。

2.1 善用文档

Python有很好的文档，在很多地方都能找到入口：

- 【开始】→【Python3.5】→【Python3.5 Manuals】和【Python3.5 Module Docs】。
- 【Python3.5 Manuals】已放在软件包里，不是必须安装Python的电脑才能打开，此处为单独备份，随时可以查看。
- 另外，在Python安装目录下的Doc文件夹内也有。

图2-1 【开始】下的文档所在位置

图2-2 单独提供的帮助文档

【Python3.5 Manuals】打开后如图所示。

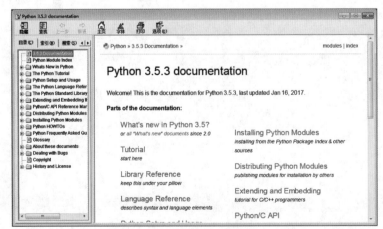

图2-3 Python 3.5.3文档

这里面包含了Python的方方面面，但是有可能打开时，界面如下图所示：

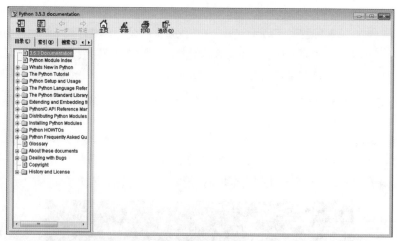

图2-4　文档打开空白

为什么空空如也？不必紧张，稍微处理一下即可。

在文档文件上点击鼠标右键，选择【属性】。

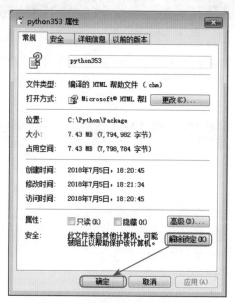

图2-5　在属性界面点击【解除锁定】

在属性界面点击【解除锁定】→【确定】即可，然后打开文件，就可以看到文档内容了。

学会善用文档，学会help函数，是通往高手的必备技能，而且还可以提升英语水平。

2.2　代码规范

Python非常讲究代码的可读性，有着比较严苛的代码规范，即，对代码布局和排版的一些要求，具体来说，就是对代码中会出现的缩进、空行、命名、注释、语句长度等内容的格式规定。

规定中的一些内容，与程序是否能够完成任务无关。那么问题来了，为什么我们要强调这个呢？统一的规范，可让自己或他人轻松地阅读任意一段符合规范的代码。优秀的代码规范对于团队合作也非常重要，据在Google工作过的同学反馈，Google就花了很大功夫在公司内推行统一的代码规范。

对于未来想从事相关工作的读者来说，从一开始就养成优秀的代码习惯，对未来个人的发展很重要。

所以在本书的开头，我们就会简单地介绍一下有关规范，在Python官网上，可找到关于代码规范的文章《PEP 8 -- Style Guide for Python Code》(Guido van Rossum, Barry Warsaw, & Nick Coghlan)，网址：https://www.python.org/dev/peps/pep-0008/ ，有兴趣可以浏览一下。此处，我们仅介绍一些常见内容。

在开始之前，大家也可以选择安装一些支持代码规范检查的IDE（集成开发环境），比如说Pycharm。Pycharm可以，在我们写出不符合规范的代码时，给出提醒。

图2-6 Pycharm提示的代码规范问题

我们可以看到，提示PEP 8: expected 2 blank lines,found1,这个提示告诉我们，在自定义函数前面要有2个空行，现在只找到1个，增加空行后，波浪线消失，提示也会随之消失。

2.2.1 缩进

练习敲如下代码，并保存成（2_1.py）

练一练

```
"""
根据用户输入的四位数出生年份，给用户打标签：
0000-1969  70前
1970-1979  70后
1980-1989  80后
1990-1999  90后
2000-至今  00后
"""


age = int(input("请输入出生年份（如：1990）："))

def age_grade(age):
    if age <= 1969:
        print('70前')
```

```
        elif age <= 1979:
            print('70后')
        elif age <= 1989:
            print('80后')
        elif age <= 1999:
            print('90后')
        else:
            print('00后')


age_grade(age)
```

 温馨提示

我们可以看到，通常代码都是左对齐，但开头为：if/elif/else/return的语句，并没有左对齐，而是向右缩进了一部分；开头为print的语句，在上一层缩进的基础上，又向右缩进了一部分。

　　为什么需要缩进，有什么用途呢？代码块通过缩进对齐表达代码逻辑的从属关系，让程序的可读性更高，更加容易维护。

　　缩进还分层级，比如练习中的例子，开头：if/elif/else/return的语句为第一层缩进，代表它们从属于上一层的自定义函数[1]；开头为：print的语句为第二层缩进，分别属于与之相对应的上一层的if/elif/else/return代码块。

　　缩进多少合适呢？按照PEP 8的规定，4个空格/每一层缩进，制表符Tab缩进可以正常使用，但不符合PEP 8的规定。（很多IDE可以通过设置，自动将Tab键转换为4个空格）

　　同一层的缩进不一致或缩进的长度不是4个空格，都会导致运行错误（IndentationError）。

 温馨提示

1. 在PEP 8的规范中，优先使用4个空格作为缩进的方法。
2. Python3不允许混合使用制表符和空格进行缩进。
3. 并不是所有语句都可以通过缩进来包含其他代码，只有表示分支（if）、循环（for/while）、函数（def）、类（class）等关键字[2]所在语句后通过英文冒号（：）结尾，在后续行进行缩进，表明，后续代码与紧邻无缩进语句存在从属关系。

　　缩进的例外，在绝大多数情况下，代码行的缩进告诉Python语句属于哪一代码块，但是，也有例外情况。

　　比如：列表、字典、函数的参数，就可以跨越多行，这些行的缩进只是代表列表、字典的元素或者参数还没有完结。通过换行可以让列表，字典，参数更加容易阅读。

　　举个例子：

　　练习敲以下代码，并保存为（2_2.py）。

1　自定义函数概念在8.3节有介绍。
2　完整关键字列表需要参照附录。

练一练

```
brand = ['答得喵',
         '睿一',
         '白领伙伴',
         '睿毅']
emp_list = {'大田': 'Male',
            '天骄': 'Female',
            'CC': 'Female'}
print(brand,
      emp_list)
```

💡 **温馨提示**

1. 这些代码虽然有缩进，但是可以正常运行。
2. 输出结果['答得喵','睿一','白领伙伴','睿毅'] {'天骄': 'Female', 'CC': 'Female', '大田': 'Male'}。请注意：输出的后半部分{}里面的内容，每次运行次序会有所不同，并不会因为缩进而影响输出的格式。

2.2.2 空行

练习敲以下代码，并保存（2_3.py）。

练一练

```
# 函数前后空两行


def hello():
    print("Hello World")


hello()
```

💡 **温馨提示**

以def开头的两行，是自定义函数（函数见第8章），在函数所在行的前后，需要空两行。

按照PEP 8规范，函数的前后或类的前后需要用两个空行与其它代码进行区隔，表示它们是一段相对独立的代码。不插入空行，运行也不会出错，此处空行的作用在于分隔不同功能或含义的代码，便于日后代码的维护或重构。

2.2.3 空格

为了便于阅读，通常还会在运算符（运算符专题见第5章）两侧各增加1个空格（函数有默认值的参数除外），在逗号后面增加1个空格。

2.2.4 注释

虽然注释中的内容，不会参与到程序的运行中来，但是我们不应忽视注释在程序代码中，所承担的重要角色，在可读性好的程序中，一般会有30%以上的注释。注释总体来说会有两种主要用途：

- 注释，可以让我们用文本来告诉阅读代码的人（其中包含自己后期维护时），代码的功能是什么？
- 调试程序的时候，如果临时需要让某行或者某段代码暂时失效，也可以用快捷键（比如：Python自带IDLE的快捷键Alt+3）把所选代码变成注释，这是一种很常用的方法。

1. 单行注释

练习通过敲代码了解单行注释，敲以下代码，并保存（2_4.py）。

练一练

```
# 这是一行单行注释。
# 注释应该是一个完整的句子。（PEP 8规范）
# 代码更新了，注释也应该同步更新。（PEP 8规范）
# 单行注释由#号开始，然后一个空格，然后才是注释内容。（PEP 8规范）


print("本行代码后有一个Inline Comments（行内注释）")  # 这是行内注释，应该和代码间有两个空格（PEP 8规范）
```

温馨提示

1. 每一行注释都是关于单行注释的一些规定，敲一遍，有助于记忆。
2. 在IDLE里面敲完了代码，请运行一下，你应该看到结果：<u>本行代码后有一个Inline Comments（行内注释）</u>，可见注释不会参与到代码的运行中，也不会影响代码运行结果。

（1）特殊情况

练习敲以下代码，并保存（2_5.py）。

练一练

```
print("嘿! 这里有一个  #  号，不是注释。")
```

温馨提示

1. IDLE的脚本编辑器，敲好代码，然后运行，结果是：<u>嘿! 这里有一个 # 号，不是注释。</u>
2. 这是因为这个#号处于字符串内部，此时的#号就是一个普通字符。

2. 多行注释

多行注释有单引号和双引号两种。

（1）单引号

练习敲以下代码，并保存（2_6.py）。

练一练

```
'''
我是单引号多行注释
我可以保存大段文字
我需要在单引号中间
'''
print("三个单引号的多行注释演示")
```

 温馨提示

1. IDLE的脚本编辑器，敲好代码，然后运行，结果是屏幕上输出：三个单引号的多行注释演示。
2. 可见在两组三个单引号之间的部分是注释，不会影响程序运行。
3. 但是多行注释还是更推荐使用三个双引号更加符合PEP8规范。

（2）双引号

练习敲以下代码，并保存（2_7.py）。

练一练

```
"""
我是双引号多行注释
我可以保存大段文字
我需要在双引号中间
"""
print("三个双引号的多行注释演示")
```

 温馨提示

1. IDLE的脚本编辑器，敲好代码，然后运行，结果是：三个双引号的多行注释演示。
2. 可见在两组三个双引号之间的部分是注释，不会影响程序运行。

2.2.5 长度

按照PEP 8的标准，每行最多79个字符，所以我们要避免写过长的语句。遵循这种限制的好处是，可以使多个脚本文件并排打开，并且在使用代码审阅工具时，在相邻的列中显示两个版本进行对比，Python 自带的标准库，就严格执行这个标准。

如果代码就是超过这个长度怎么办呢？

1. 可以使用反斜杠(\)来实现超长语句的安全换行。

练习敲以下代码，并保存（2_8.py）。

练一练

```
SmartOne = 2
Dademiao = 3


Total = SmartOne + \
        Dademiao


print(Total)
```

 温馨提示

1. 大家可以运行一下，就会发现，带反斜杠(\)的Total语句和直接把语句写成Total= SmartOne + Dademiao的效果是一样的，反斜杠(\)可以实现单行语句放到多行。
2. 在 [], {}, 或 () 中的语句，不需要使用反斜杠(\)来分行。

练习敲以下代码，并保存（2_9.py）。

练一练

```
DademiaoBrand = {
    'Name': '答得喵',
    'Start': '2015',
    'Color': 'Yellow'
}


print(DademiaoBrand['Color'])
```

温馨提示

敲代码并运行，屏幕应该显示结果Yellow，可见{}中间，虽然有很多行，但是不需要反斜杠连接。

2.2.6 命名

变量、自定义函数、类和模块都需要命名，命名是否规范，也是代码水平的体现。

PEP 8规范有很多种样式选择，其中常见的用法如下：

- 大写用于常量命名，比如：PI 代表 π。
- 驼峰法则用于为类命名，比如：TopOne（第一名），有一种情况例外，就是名称中包含缩写，那么缩写中的字母都得是大写的，所以：HttpServerError（HTTP服务器故障）就没有HTTPServerError好。（HTTP是Hyper Text Tranfer Protocol的缩写）
- 小写用于为函数和变量命名，当一个名字需要由多个单词组成时，用下划线_放在单词中间，来代表空格（不能直接用空格，会出错），比如：变量apple_pie（苹果派）。

细心的你一定已经发现了，命名的重要组成部分是英文单词，其实，还可以用数字、下划线、甚至是中文，推荐用英文单词和下划线。那么，如果英文不好怎么办？一方面，长远来看还是要提升英语水平；另一方面，如果只是自己用拼音替代也勉强可行。

以下是一些新手需要注意的关于命名的知识点，比如：

- 命名不要用数字开头[3]。

- 命名中间不能出现空格。

- 命名要区分大小写，比如：变量Python和变量python同时出现在同一程序里，会被认为是两个不同的变量。[4]

2.3 常见错误

初学者乃至资深程序员，在运行代码的时候，总是无可避免地会碰到一些错误，我们也会亲切地称之为Bug。相比资深的程序员，初学者在碰到错误的时候，更容易紧张。最主要的原因就是，Bug认识你，但是你未必认识Bug。本书将带大家一起写一些常见Bug，让我们和Bug一回生两回熟，在以后的日子里，那些错误提示不会感到陌生。

本节列举了一些常见的错误，当然错误可能出现的方式千奇百怪，但是熟悉本节的内容之后，相信碰到新问题，你也可以迎刃而解。

说到这里，我有一个好消息和一个坏消息告诉大家。好消息是：Python可以帮我们检查出一些错误；坏消息是：Python也有捡查不出的错误。

2.3.1 运行时错误

对于在运行的Python（交互式和脚本式），Python能检查出错误，中止程序运行并Traceback，这些错误通常被称为运行时错误。错误提示通常由一串英文单词组成。为了便于大家学习，本节先总结了一些初学者常见的运行时错误，想要学会识别，请务必一行行地跟着敲完并检验；如果你碰到了本节未提到的错误，也不必紧张，只要在搜索引擎里输入Python+空格 +错误提示，即可找到很多说明，当然也可以在Python3.5.3documentation（文档）里的The Python Standard Library下的5. Built-in Exceptions内找到所有内置的错误类型，如图所示。

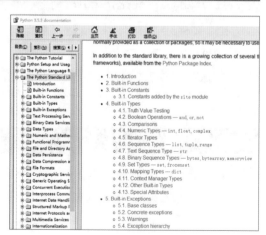

图2-7 文档中错误类型

3　二级考点
4　二级考点

1. SyntaxError: invalid syntax(语法错误：无效的语法)

SyntaxError: invalid syntax这个提示分成两个部分：

第一部分：SyntaxError是大分类，Syntax翻译过来是语法，Error翻译过来是错误，合起来就是语法错误。

第二部分：invalid syntax是细分类型，invalid翻译过来是无效的，合起来就是无效的语法。

什么是无效的语法呢？我们来练习一下：

请在交互模式下练习敲如下代码

练一练

```
>>> pat_name = '答得喵'
>>> if pat_name = '答得喵':
```

💡 **温馨提示**

1. IDLE的交互模式下，敲练一练中的代码。在敲完第二行后回车，你应该会发现系统提示：SyntaxError: invalid syntax，也就是说代码中出现了语法错误：无效的语法。

2. 简单剖析，这里错误的原因在于第2行的if语句中，判断两者（pat_name、'答得喵'）是否相等，需要用==也就是两个等号，而不是用=一个等号。一个等号的意思是赋值，比如：第一行的pat_name = '答得喵'是让变量pat_name的值等于字符串'答得喵'。=和==我们分别会在本书的第5章，赋值运算符和比较运算符里看到。if是Python的分支语句，此处只做知晓，第6章会讲。

（1）三种不同运行方式下的错误提示

错误提示的展现形式，我们仅在本处展示一次，不做重复展示。

第一种，在交互模式下，我们会看到错误发生的位置被高亮显示出来，并且增加对错误的描述SyntaxError: invalid syntax，如图所示：

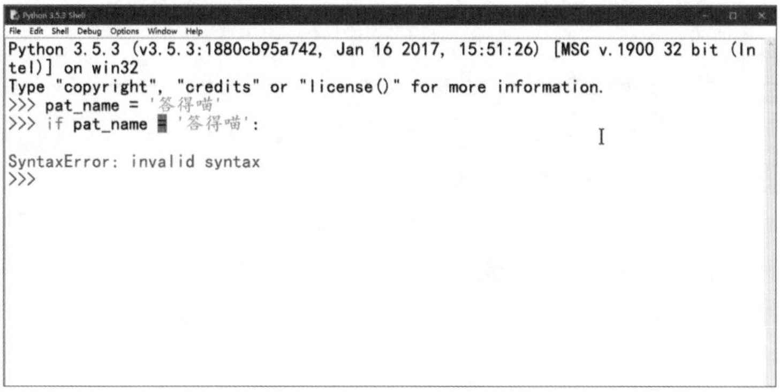

图2-8 语法错误

敲完第一行，Python并不会报错，证明第一行没有错误。敲完第二行，Python报错证明第二行有错误。

我们会看到第二行：if PatName = '答得喵': 中的等号被高亮（也就是有填充色作为字符底色的部分），就是出错的地方。

第二种，用IDLE脚本编辑器编辑好了保存为脚本error01.py，然后在IDLE中运行是如何报错的呢，如图所示：

图2-9　脚本敲下代码并运行

图2-10　报错

第三种，在命令提示符中运行脚本，如练一练所示：

练一练

```
C:\Python\Project>python error01.py
```

 温馨提示

示例是在保存了脚本文件的目录（撰写本书的电脑上为：C:\Python\Project>）下运行，如果是Mac需注意，命令部分应该是python3而不是python。

运行后的效果，如图所示：

图2-11　在命令提示符报错

下面我们逐条看一下提示是什么意思：

File "error01.py", line 2意思是脚本"error01.py"第2行出错了。

if PatName = '答得喵'是脚本第2行的原文，要特别注意在=号下方有一个^，Python指出出错的位置。

SyntaxError: invalid syntax是错误类型提示。

我们注意到在命令提示符的运行方式下，Python会提示第2行出错，编程时，我们并不需要编写行号，但是在检查错误的时候，却有可能碰到需要行号的情况，那如何快速定位到第2行呢？

在IDLE脚本模式下，用快捷键Alt+G，就可以打开Goto窗口，输入要定位的行。

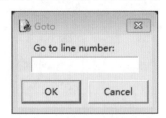

图2-12　IDLE脚本模式快速定位到行

（2）其他无效语法

练习其他SyntaxError: invalid syntax

练一练

```
>>> class = 10
```

 温馨提示

1. IDLE的交互模式下敲练一练中的代码，敲完后回车，你会发现系统提示：SyntaxError: invalid syntax，也就是说代码中出现了语法错误：无效的语法。

2. 错误的表象和刚才的没有差别，但是原因却不同，在Python中存在很多关键字，比如练一练中出现的class，这些关键字按照语法的要求，不能作为变量的名称，所以会出现报错。那么关键字多么，其实不用担心，本书已将关键字列在附录里，并且提供了查询方法，在我们这本书所用的版本里只有33个，所以不必担心。

2. SyntaxError: EOL while scanning string literal（语法错误：扫描字符串文字时的EOL错误）

练习在交互模式下，输入错误代码。

练一练

```
>>> print("答得喵)
>>> print(答得喵")
```

 温馨提示

1. IDLE的交互模式下敲完任意一行代码后，你都会收到SyntaxError: EOL while scanning string literal，也就是说代码中出现了语法错误：扫描字符串文字时的EOL错误。

2. 错误的原因在于，在Python中的字符串要在一对儿英文半角""（双引号）号中间，很明显这两行代码，都各缺失了一个"。

3. SyntaxError: invalid character in identifier（语法错误：无效的标识符）

练习在交互模式下，输入错误代码。

练一练

```
>>> print("答得喵"）
```

 温馨提示

1. IDLE的交互模式下敲，如果代码中任何一个标点符号，输入成了全角，你会发现系统提示：SyntaxError: invalid character in identifier，也就是说代码中出现了语法错误：无效的标识符。

2. 这种失误很容易出现，在练一练的代码中使用的括弧，前后是不一样的，左括弧是半角的，右括弧是全角的。这可不是印错了，是我故意为之，因为这种情况经常发生，尤其在我们的代码中需要出现中文元素的时候，经常需要切换输入法，这种手误太常见了。

回车之后，你就会发现，系统提示：SyntaxError: invalid character in identifier错误了，也就是你的右括弧被识别成了无效的识别符。

Chapter 02 PYTHON学前须知

4. SyntaxError: unexpected indent[5]（语法错误：意外的缩进）

练习在交互模式下，敲入代码。

练一练

```
>>>    print("Hello")
```

 温馨提示

1. IDLE的交互模式下敲练一练中的代码，记得要原原本本输入，你才会看到错误提示：SyntaxError: unexpected indent（语法错误：意外的缩进）。
2. 在Python代码规范PEP 8中关于缩进有很多规定，练一练中的代码，就是错误使用缩进导致的。
3. 仔细观察，我们会发现>>>和print之间包含多余的空格，从而导致缩进错误。

5. TypeError: unsupported operand type(s) for -: 'int' and 'str'（类型错误：减法不支持在int（整数型）和str（字符串型）数据类型之间操作）

练习IDLE脚本模式下输入如下代码，并保存为error02.py。

练一练

```
# 请用户输入年龄
x = input("请输入年龄：")


# 反馈退休年限
print("您距离退休还有：", 60 - x, "年")
```

 温馨提示

1. IDLE的脚本编辑器中原样敲好上述代码，然后运行，你就会收到提示：TypeError: unsupported operand type(s) for -: 'int' and 'str'（类型错误：减法不支持在int和str数据类型之间操作）。
2. 这是一种常见的错误，初学者往往也会忘记，通过input获取的用户输入，所获得的数据类型为str（字符串型）而不是int（整数型），就算长得像数字的str类型也不能直接用于和数字进行计算。

6. TypeError: Can't convert 'int' object to str implicitly（无法将'int'转换为str）

练习脚本编辑器输入如下代码，并保存为error03.py。

练一练

```
# 定义服务年限service_year变量的值为10
service_year = 10


# 返回服务年限数据给用户
```

---

5 这个错误也是计算机二级和微软MTA中都会考到的一个考点。

```
print("你在答得喵工作" + service_year + "年了")
```

 温馨提示

1. 你就会收到提示：TypeError: Can't convert 'int' object to str implicitly（无法将'int'转换为str）。
2. 这是一种常见的错误，初学者往往会忘记，不同数据类型之间不能直接进行运算，导致出现这个错误，而且这个错误并不会像其他错误那样，本例中Python不会直接指出是由于service_year是整型而不是文本导致的，只会给一个粗略的提示，要找到错误的原因，你就需要具体问题具体分析了。

7. TypeError: list indices must be integers or slices, not str(类型错误：列表索引必须是整数或切片，而不是str(字符串))

练习脚本编辑器输入如下代码，并保存为error04.py。

练一练

```
# 品牌列表
brand = ["答得喵", "睿毅", "睿一"]


# 请用户输入要查找哪个品牌
brand_index = input("请输入要查询品牌的序号【0-2】：")


# 根据用户输入的序号，输出品牌
print(brand[brand_index])
```

 温馨提示

1. 在输入数字之后，你就会收到提示：TypeError: list indices must be integers or slices, not str(类型错误：列表索引必须是整数或切片，而不是str(字符串))
2. 这也是一种常见的错误，首先，列表是Python中非常常见的数据类型，对列表进行增删改查是常见的动作，进行增删改查的时候需要用整数，但是不能用字符串，你可能会想，用户输入的不是数字么？用input函数输入的内容，即便是数字，其实本质上来说，还是字符串。

8. AttributeError: xxx object has no attribute xxx(属性错误:xxx对象没有xxx属性，xxx皆是代号)

练习输入以下代码，并保存为error05.py。

练一练

```
# 宠物口号pat_slogan的初始值定义为"DADEMIAO IS GOOD!"
pat_slogan = "DADEMIAO IS GOOD!"
```

```
# 把口号里面的字母都变成小写
pat_slogan = pat_slogan.lowerr()


# 输出新的宠物口号pat_slogan
print(pat_slogan)
```

 温馨提示

1. 你就会收到提示：AttributeError: 'str' object has no attribute 'lowerr'（属性错误，字符串对象没有lowerr属性）。
2. 这是一种常见的错误，没记清楚或笔误都有可能导致这种错误，本例未必是因为不知道，也可能是因为手误，正确地把字符串都变成小写字母的写法是lower而不是lowerr。

9. NameError: name xxx is not defined（命名错误：名称xxx未定义，xxx是代号）

练习敲如下脚本，并保存为error06.py。

练一练

```
print("答得喵欢迎你", user_name)
```

 温馨提示

1. 你就会收到提示：NameError: name 'user_name' is not defined（命名错误：名称user_name未定义）。
2. 这是个常见错误，是因为一个变量，本例来说名称为user_name的变量还未定义，就开始在程序中使用导致的。

10. IndexError: list index out of range（索引错误：列表索引超出范围）

练习敲如下脚本，并保存为error07.py。

练一练

```
# 品牌列表
brand = ["答得喵", "睿毅", "睿一"]


# 给列表索引变量赋值
brandIndex = 5


# 根据用户输入的序号，输出品牌
print(brand[brandIndex])
```

温馨提示

1. 你就会收到提示：IndexError: list index out of range（索引错误：列表索引超出范围）。
2. 这是个常见错误，列表总共才3个元素，但是索引变量被赋值为5，从而导致列表索引超出范围引发的错误。

11. KeyError: 'xxx'(键错误：'xxx'，xxx是代号)

练习敲如下脚本，并保存为error08.py。

练一练

```python
# 定义字典dademiao
dademiao = {'昵称':'答得喵', '网址':'www.dademiao.com', '外号':'答得猫'}


# 输出字典中建'公司'的值
print(dademiao['公司'])
```

 温馨提示

1. 你就会收到提示：KeyError: '公司' (键错误：'公司')。
2. 字典Dademiao中只有三个键'昵称'、'网址'、'外号'，没有'公司'，输出的时候，却指明要键'公司'的值，从而导致了错误。

12. FileNotFoundError: [Errno 2] No such file or directory: xxx

练习敲如下脚本，并保存为error09.py。

练一练

```python
f = open('dademiao.txt', 'r')
f.close()
```

 温馨提示

1. 你就会看到错误提示：FileNotFoundError: [Errno 2] No such file or directory: xxx（未找到文件错误：[Errno 2]没有这个文件或者目录。xxx是代号，代表文件路径）。
2. 本例来说，如果Python脚本运行目录下没有dademiao.txt文件，你就会看到对应提示。

2.3.2 逻辑错误

逻辑错误一般来说，是代码自身算法有问题，运行时Python不会报错，相当隐蔽。错误会导致，程序全部或部分结果与预期不符，以及进入死循环等问题。

1. 结果与预期不符

练习敲如下脚本，并保存为error10.py。

练一练

```
"""
本程序由答得喵监考老师输入考生微软MTA认证考试分数
分数范围 [ 0-100 ]
考生的成绩达到70分以上（含），即判定通过，否则判定失败
程序反馈考生是否通过考试
"""


# 答得喵监考老师输入考生考试分数
score = int(input("请输入考生分数:"))


# 判断并反馈
if score > 70:
    print("通过")
else:
    print("失败")
```

 温馨提示

1. Python不会报任何错误，可以分别输入几个分数进行测试，你会发现大多数情况，都是准确的。但是，有两种情况是明显错误的，比如：输入小于0或者大于100这两种原本不应该会出现的分数，也会有判断结果，程序并没有识别出这种是错误的输入；再比如：输入70分，会被判定为失败，但是根据判定依据，应该为通过才是。
2. 这个程序可以正常运行，但是结果并不完全正确。

练习修改脚本error10.py，并另存为error10_1.py。

练一练

```
"""
本程序由答得喵监考老师输入考生微软MTA认证考试分数
分数范围（0-100）
考生的成绩达到70分以上（含），即判定通过，否则判定失败
程序反馈考生是否通过考试
"""


# 答得喵监考老师输入考生考试分数
score = int(input("请输入考生分数:"))


# 判断并反馈
if 0 <= score <= 100:
```

```
    if score >= 70:
        print("通过")
    else:
        print("失败")
else:
    print("输入的分数超出范围")
```

 温馨提示

1. 你就会发现刚才的问题都不存在了。
2. 修改策略就是增加了判断超出范围分数的条件语句，并且修改了判断通过还是失败的条件，从>70变成为>=70。

2. 死循环

练习敲如下脚本，并保存为error11.py。

练一练

```
"""
用程序实现反馈高斯数学，从1加到100的结果
"""

# 定义变量
total = 0    # 最后反馈的求和的结果
x = 1

# 开始从1到100的循环
while x <= 100:
    total = total + x

# 输出结果
print("结果是: ", total)
```

 温馨提示

你就会发现系统停止反应了。

终止死循环的方法，如果使用IDLE运行，可以直接关闭IDLE窗口，你会收到如图提示：

图2-13 关闭窗口的提示，点击【确定】终止

如果是在命令提示符下运行，终止死循环的方法，使用组合键Ctrl+Pause（Break）。

修改方法:

练习修改脚本error11_1.py。

练一练

```
"""
用程序实现从1加到100的结果
"""


# 定义变量
total = 0    # 最后反馈的求和的结果
x = 1

# 开始从1到100的循环
while x <= 100:
    total = total + x
    x = x + 1    # 修改,增加一行x自增,x才能达到终止循环的条件

# 输出结果
print("结果是: ", total)
```

温馨提示

1. 你就会发现刚才的问题不存在了,而且显示出了正确的结果。

2. 原来脚本的错误,在于x的值恒久不变,永远符合需要继续循环的条件,所以导致了死循环。修改的办法是,在循环体内增加了一行 x=x+1,当然你也可以敲 x += 1,这样x的值才会逐渐增加到超出循环范围,来结束循环。

Chapter 01

Chapter 02

Chapter 03

Chapter 04

Chapter 05

2.4 算法

学习编程的过程中,算法这个词我们会经常遇到,听起来十分高大上,到底什么是算法呢?

计算机确实非常厉害,但是在解决问题方面还需要人帮忙,算法就是我们帮计算机用其自己能听懂的语言,告诉它要做什么。

比如说,我们希望写一个程序给用户使用,可以用于计算整数相加的计算器,如下是一种做法:

第一步:请用户输入用于相加的数

第二步:把两数相加

第三步:反馈加好的结果

算法,就是把上面的做法或者称为流程,写成计算机能读懂的语言。

让我们来把这个算法写成一段代码,并且运行一下。

请自行在代码编辑器里,敲好如下代码,并保存为2_28.py。

练一练

```python
# 请用户输入用于相加的数
x = input("请输入加数：")
y = input("请输入被加数：")


# 把两数相加
z = int(x) + int(y)


# 反馈加好的结果
print("两数相加的结果是：", z)
```

 温馨提示

1. 代码中有#号的语句是注释语句，注释也就是解释代码究竟是做什么用途的。用于增加代码的可读性，这几个注释就是我们的计算器的做法，我们会看到，每个步骤，需要若干代码来实现。

2. 代码之间增加了一些空行，把不同的步骤区分开，就可以在阅读代码的时候更加容易，如果你希望自己编写的代码是编程界的清流，那么建议要符合PEP 8的规范。

我们可以尝试运行一下代码：

图2-14　运行代码	图2-15　系统提示输入加数

图2-16　输入加数5后，提示输入被加数	图2-17　系统反馈结果

通过代码，我们实现了所要的功能，这就是算法。我们通过获取用户输入的数据作为原料，通过运算，并反馈给用户，也称为IPO：输入（Input）、加工（Processing）和输出（Output）。

2.5　判断题

判断题

1. Python语言的一层缩进可以用Tab或4个空格来实现。
2. Python语言无需采用严格的"缩进"来表明程序的格式框架。
3. TempStr符合Python的变量命名规则。
4. 5_2 符合Python的变量命名规则。
5. Python 语言有两种注释方式：单行注释和多行注释。
6. Python的单行注释以'开头。
7. /*……*/是注释符号。
8. Python可以把多条语句写在同一行。
9. 不需要缩进的代码无需顶行写，可以有空格。
10. "unexpected indent"是指多余的缩进。
11. 将一条长语句分成多行显示的续行符是\。

答案以及解释请扫二维码查看。

手机扫一扫，
查看相关扩展内容

03

Chapter

变量

有个笑话说，程序员记性都不好，所以需要变量来帮助减轻记忆负担。这个效果后半部分还真是对的，优秀的变量可以帮我们减轻记忆负担，比如圆周率π，我们完全可以在程序中用变量PI来代表，这样我们就不用背很多位的圆周率了。

学习时长：本章内容不多，建议用两个小时学习。

练习敲如下代码，并保存为3_1.py。

练一练

```python
"""
答得喵派车系统
根据乘客数量，决定需要派出车辆的数量
"""

import math

# 车辆的空位
space_in_car = 4
# 通过用户输入获取乘客人数
passengers = int(input("请输入乘客人数:"))
# 通过用户输入获取单位名称
company = input("请输入单位名称:")
# 输出需要车辆的数量
print("%s需要%d辆车" % (company, math.ceil(passengers / space_in_car)))
```

温馨提示

可以根据用户输入的乘客数，以及单位名称，计算出最终该单位需要多少辆车。共有三个变量space_in_car、passengers和company。

图3-1 3_1.py运行效果

3.1 变量是什么？

脚本3_1.py的脚本中，有三个变量space_in_car（车内位置数，类型：整数）、passengers（乘客人数，类型：整数）、company（公司名称，类型：字符串）。

通过上面的例子，我们可以将变量的概念抽象出来，就是可以代表一切的容器！

为什么要用变量，而不是直接用4来替代space_in_car？为什么不用用户输入的乘客人数替代passengers？为什么不用重庆睿一网络科技有限公司替代company？

首先对于变量这种形式，相信只要学过初等代数，我们都应该比较熟悉，用某个字母代替我们要求的某个未知数。编程在这方面和初等代数的道理是一样的。在程序中，用变量的好处在于：

- 让计算机和我们都能读懂程序。
- 减少程序员记忆量，在复杂的程序中，一个"量"会经常被调用，而且存在有很多这种"量"，所以用一个好的名字做变量，程序员可以更容易撰写代码。

3.2 变量可以存什么？

变量可以存什么？那太多了，即便在本书前面的章节，也已经出现过如下类型的变量。

表3-1 部分案例中出现的变量类型

类型	举例
整数	space_in_car = 4
字符串	pat_name = '答得喵'
列表	brand = ["答得喵"，"睿毅"，"睿一"]
字典	dademiao = { '昵称'：'答得喵'，'网址'：'www.dademiao.com'，'外号'：'答得猫'}

当然变量还可以代表浮点数、布尔值、元组……不必担心记不住，只要你踏踏实实地把练一练都敲了，都会搞明白的。

3.3 变量的赋值

变量自身只是个名字，要进行赋值才能代表它的主人，赋值需要通过神圣的符号"="，变量的类型也会继承被赋的那个值本身的类型。

表3-2 赋值的方式举例

类型	例子
常量	space_in_car = 4 pat_name = '答得喵'
计算结果	cars = 100/4 brand = '答得喵考试中心'[0:3]
用户输入	company = input("请输入单位名称:")
变量计算	atc = '答得喵考试中心' brand = atc[0:3]
同时赋值[1]	同时赋值[1]： a, b = 3, 4 相当于 a = 3 b = 4 同时赋值2：x,y = y,x

1 二级考点

类型	例子

同时赋值[1]	>>> x = 1
	>>> y = 2
	>>> x,y = y,x
	>>> x
	2
	>>> y
	1
	>>>
	可以看到，通过x,y = y,x，变量的值进行互换
	同时赋值3：a,b = b,a+b
	>>> a = 1
	>>> b = 2
	>>> a,b = b,a+b
	>>> a
	2
	>>> b
	3
	>>>

3.4 变量的注意事项

变量如此重要，使用上，也有不少讲究，让我们一一看来。

3.4.1 变量名区分大小写

练习敲如下代码，并保存为3_2.py。

练一练

```
ATC = '答得喵考试中心'
atc = 'www.dademiao.com'
Atc = 'Authorized Testing Center'


print(ATC, atc, Atc)
```

 温馨提示

结果是：答得喵考试中心 www.dademiao.com Authorized Testing Center，我们会得出结论，ATC、atc、Atc，他们代表的是不同的变量，所以变量是区分大小写的。

结论：虽然，根据PEP 8代码规范变量名都要用小写，但是在不遵守规范的情况下，程序依然可以运行，不过还是要注意，用英文做变量名的时候，变量名是区分大小写的。[2]

变量名应该由字母、数字和下划线(_)构成，但不能以数字开头，比如:list_1可以，但是9_list就不行。[3]

实际应用中，对于需要用多个单词来命名的变量，需要用_来连接单词，用于模拟空格。

3.4.2 变量是否可以用中文

练习敲如下代码，并保存为3_3.py。

练一练

```
品牌 = '答得喵'
价值 = 999999999


print("品牌" + 品牌 + "的价值为:", 价值)
```

 温馨提示

结果是：品牌答得喵的价值为: 999999999

结论：可以正确运行，但是如果为了符合规范，让你的代码能国际通行，推荐使用英文、数字和下划线(_)。

3.4.3 变量赋值方式

练习敲如下代码，并保存为3_4.py。

练一练

```
import math


space_in_car = 4
passengers=99
print("我们需要%d辆车" % math.ceil(passengers / space_in_car))
```

 温馨提示

结果是：我们需要25辆车。

2　考点
3　考点

结论：space_in_car = 4（=号两侧有空格）和passengers=99（=号两侧无空格）两种写法，都可以正常地给变量赋值，但是前者Space_in_car = 4让代码更加符合规范，易于阅读。

3.5　判断题

1. dademiao与Dademiao是相同的变量。
2. true不是Python的保留字。

答案以及解释请扫二维码查看。

手机扫一扫，
查看相关扩展内容

04

Chapter

数据类型

人以群分，物以类聚，数据也是属于物的范畴，所以数据是有类型的，这在编程中相当重要。

学习时长：由于本章内容过于庞大，而且是编程基础中非常重要的部分，建议学习30个小时。

Python中的变量本身没有类型，<u>每个变量在使用前必须被赋值</u>[1]，所以变量最大的特点就是变，变量本身并没有类型，但是存储在内存中的值有类型，变量一旦被赋值之后，就会从属于被赋值的数据类型，所以，接下来，我们要说数据类型。

如何查询一个变量在赋值之后是什么类型的？

练习敲代码，查变量类型，并保存为4_1.py。

练一练

```
# 赋值一些变量
brand_name = '答得喵'
brand_age = 5
product_list = ['答得喵书院', '答得喵考试中心', '答得喵学院', '答得喵练功房']


# 查询各变量的类型
print('brand_name 的类型是', type(brand_name))
print('brand_age 的类型是', type(brand_age))
print('product_list 的类型是', type(product_list))
```

 温馨提示

此处提前展示了type函数，type是内建函数，用途是查询变量在赋值之后的类型。

代码运行结果是什么呢？

看一看

```
brand_name 的类型是<class 'str'>
brand_age 的类型是<class 'int'>
product_list 的类型是<class 'list'>
```

 温馨提示

class就是类型的意思，'str'、'int'、'list'都是具体的数据类型，我们接下来会陆续看到。

4.1 不可变数据类型

不可变指数据类型中的不可变指得是什么呢？就是数据中的元素不可以改变。

---

1 考点

4.1.1 int（整型）

练习敲如下代码，体验int数据类型，并保存为4_2.py。

练一练

```python
# 汽车总数
cars = 100
# 司机数
drivers = 30
# 无人驾驶的车辆数
cars_not_driven = cars - drivers


print("总共有", cars, "辆车可以用。")
print("总共只有", drivers, "位司机。")
print("今天将有", cars_not_driven, "辆车无法外出服务。")
```

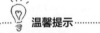 **温馨提示**

车辆数、司机数都是非常典型的整数型，我们很少会遇到半辆车或半个司机的情况。

整型(int)通常被称为是整型或整数，在Python中几乎没有取值范围的限制，整型包括正和负整数，不带小数点，可以表示为十进制、十六进制、八进制和二进制。例如：十进制的100，可以表达为十六进制0x64、八进制0o144、二进制0b01100100。0x引导符号是十六进制，0o引导符号是八进制，0b引导符号是二进制。可以用Windows自带的计算器来计算转换。[2]

图4-1　十进制

图4-2　十六进制

2　二级考点

图4-3 八进制   图4-4 二进制

看一看

> 总共有 100 辆车可以用。
> 总共只有 30 位司机。
> 今天将有 70 辆车无法外出服务。

 温馨提示

结果都是整数。

4.1.2 float（浮点）

    浮点就是小学数学里面的实数，由整数和小数组成。跟整型不同，除了十进制没有其他进制。Python中浮点数的范围受到操作系统的限制（具体需要查你所使用的操作系统的相关资料）。

    在Python中不建议直接将两个浮点数进行大小比较，或者做精确的计算，因为往往会得到意想不到的结果。[3]

    练习敲如下代码，体验float数据类型，并保存为4_3.py。

练一练

```
# 圆周率
PI = 3.14
# 半径
radius = 90.0
```

```
# 求圆的面积
print("此圆面积为", PI * radius ** 2)


# 查询变量类型
print(type(PI))
print(type(radius))
```

 温馨提示

圆周率是带小数点的，是典型的浮点数。
浮点型（float），由整数部分与小数部分组成。

看一看

```
此圆面积为 25434.0
<class 'float'>
<class 'float'>
```

 温馨提示

1. 浮点数运行的结果也是浮点数25434.0。
2. 两个变量的类型，都是'float'，也就是浮点类型。

4.1.3 bool（布尔）

练习敲如下代码，体验bool数据类型，并保存为4_4.py。

练一练

```
# 让用户输入算术题结果
result = int(input("请输入算式'1+1'的结果: "))
# 判断结果是否正确，并赋值给变量
correct = result == 1 + 1



#输出结果是否正确
print("您输入的结果正确（True）/错误（False）: ", correct)
print(type(correct))
print(correct + 0)
```

=号和==号有什么区别？[4] =号是将右边的值赋给左边的变量名，==的作用是检查左右两边是否相等，所以correct = result == 1 + 1的正确理解是，首先算1+1，其结果是2，然后再判断用户输入的结果result是否和2相等，并把结果赋值给变量correct。

bool（布尔）的值只有True 和 False两种，这两个单词被Python3定义为关键字了，它们的默认值是1和0，所以它们可以和数字相加。思考一下，程序的输出结果会是什么？

我们来尝试回答正确：

看一看

```
请输入算式'1+1'的结果：2
您输入的结果正确（True）/错误（False）： True
<class 'bool'>
1
```

1. 请输入算式'1+1'的结果：2，输入的结果是正确的。
2. 您输入的结果正确（True）/错误（False）： True，我们可以看到结果正确，所以结果是True。
3. <class 'bool'>我们可以看到作为判断结果正确与否的变量correct的类型就是'bool'。
4. 结果是1，我们把correct和0相加，得到1，证明correct == 1，也就是True == 1。

我们来尝试回答错误：

看一看

```
请输入算式'1+1'的结果：3
您输入的结果正确（True）/错误（False）： False
<class 'bool'>
0
```

1. 请输入算式'1+1'的结果：3，输入的结果是错误的。
2. 您输入的结果正确（True）/错误（False）：False，我们可以看到结果错误，所以结果是False。
3. <class 'bool'>我们可以看到作为判断结果正确与否的变量correct的类型就是'bool'。
4. 结果是0，我们把correct和0相加，得到0，证明correct == 0，也就是False == 0。

bool(布尔)类型的数据，在进行对比和条件语句编写时非常重要。

其他数据类型中的某些值列入条件中，可以认为他们等价于True和False，比如：0和0.0和"(空字符串)被认为是False，其他值被认为是True，这点在实战中非常重要。[5]

---

4 考点
5 考点

4.1.4 complex（复数）

Python3支持复数，复数由实数部分和虚数部分构成，可以用a + bj，或者complex(a,b)表示，复数的实部a和虚部b都是浮点型。

练习交互模式

练一练

```
>>> a = 1.5 + 6j
>>> a.real
1.5
>>> a.imag
6.0
>>>
```

 温馨提示

通过交互式进行实验，我们看到变量a被赋值复数1.5+6j，用a.real和a.imag可以分别获得它的实部和虚部。[6]

complex（复数）在科学计算中非常常见，基于复数的运算，属于数学的复变函数分支，该分支有效地支撑了众多科学和工程问题的数学表示和求解。

4.1.5 str（字符串）

练习敲代码，认识str（字符串）并保存为4_6.py。

练一练

```
print("Hello Python!")
print('答得喵考试中心。')
print('我说："你要仔细敲每一处练一练。"')
print("我说：'你要仔细敲每一处练一练。'")
print('我说："请仔细敲每一处练一练并运行。"\n你说："没问题"')
print(r'我说："请仔细敲每一处练一练并运行。"\n你说："没问题"')
```

 温馨提示

1. 这些代码虽然长得不一样，但功能都是打印str（字符串）。
2. 所有的引号，应该是英文半角的符号，我知道这有点麻烦，但是不遵照执行，会出现语法错误。
3. 请预测一下结果是什么。

---

6   二级考点

我们会看到，代码中有单引号'有双引号"以及两者组合，还可以看到\n这样奇怪的存在，有的行还有字母r，不用紧张通过看结果就会明白了。

看一看4-6查看结果

看一看

```
Hello Python!
答得喵考试中心。
我说："你要仔细敲每一处练一练。"
我说：'你要仔细敲每一处练一练。'
我说："请仔细敲每一处练一练并运行。"
你说："没问题"
我说："请仔细敲每一处练一练并运行。"\n你说："没问题"
```

💡 **温馨提示**

1. 通过前两行的结果，Hello Python!、答得喵考试中心。我们可以发现，单引号内的内容可以是字符串，双引号内的内容也可以是字符串，两者并无差别，但是不要混用，比如：print("Hello Python!')，会遇到运行时错误：SyntaxError: EOL while scanning string literal[7]。

2. 单引号和双引号混用有专门的用途，通过紧接着的两行结果，我说："你要仔细敲每一处练一练。"、我说：'你要仔细敲每一处练一练。'我们可以发现，如果需要输出的str（字符串）的内部需要有单引号'或双引号"，我们也是可以实现的，请特别回顾对应代码的应用方法。[8]

3. 通过紧接着的两行结果，我说："请仔细敲每一处练一练并运行。"换行你说："没问题"，我们可以发现\n可以实现换行的效果，\n的学名叫作转义字符。[9]

4. 通过紧接着的一行结果，我说："请仔细敲每一处练一练并运行。"\n你说："没问题"我们会发现，在字符串前面加一个r（repr的简称，所以使用repr效果也是一样），可以让字符串不受转义影响，从而输出原始字符串。[10]

以上，就是常见str（字符串）的介绍。

字符串是最常用的数据类型之一，也是MTA重点考核的内容，接着我们会分开来描述一下。

1. 长字符串

练习敲代码，认识长字符串，并保存为4_7.py。

练一练

```
print('''这是开头
重庆睿一网络科技有限公司是重庆渝北科技小巨人企业。
所研发的"答得喵在线教育"系统是高新技术产品。
在重庆股权交易中心挂牌，股权代码'610070'
这是结尾''')
```

---

7 考点
8 考点
9 考点
10 考点

温馨提示

请你在敲代码的时候，尝试使用3个双引号，替换第一行和最后一行的"""，看看运行效果有无不同。

长字符串就是指案例中这种很长的字符串（跨越多行），当然换行我们可以用转义字符\n解决，但是要表达大段文字的时候，这种方法还是要方便一点。

不知道大家有没有发现这种方式和注释所用的方法，有些类似。

2. 字符串查询和切片

字符串是一串由字符组成的序列，字符串中的每个字符都有自己的序号，序号分为正数和倒数两种，正数时序号从0开始，倒数时序号从-1开始。比如：字符串0123456789其中的字符3正数的序号是3，倒数的序号是-7，如表所示[11]：

表4-1 字符串是一种序列的示范

序号正数	0	1	2	3	4	5	6	7	8	9	
字符串本身	0	1	2	3	4	5	6	7	8	9	
	-10	-9	-8	-7	-6	-5	-4	-3	-2	-1	序号倒数

基于表格案例所示，我们可以根据序号，对字符串进行查询和切片。

练习字符串查询，并保存为4_8.py。

练一练

```
# 定义demo_str演示字符串为0123456789
demo_str = '0123456789'


# 查询字符串中的正数第5位的字符
# 正数序号法:
# 由于正数是从0开始，所以我们如果要第5位，意味着正数序号应该是4
print(demo_str[4])
# 倒数序号法:
# 由于倒数是从-1开始，但是不好数，我们可以采用直接查表，倒数序号为-6
print(demo_str[-6])


# 尝试用int(整型)变量做查询
demo_index = 4
print(demo_str[demo_index])
```

11 考点

温馨提示

这是通过字符串的序列属性，查询单个字符的做法。

　　一般来说，查询单个字符的应用相对比较少，总体格式就是把所需字符的序号放入[]中，[]中可以是整数，也可以是整型变量，在程序需要智能变化的时候，多数用变量来控制要查询的字符。

看一看

```
4
4
4
```

 温馨提示

毫无悬念，无论是用正数还是倒数还是变量进行查询，都可以得到对应结果。

　　字符串除了可以按照序号查找字符串中的单个字符之外，还可以根据序号切片字符串片段，具体方法如下：

　　切片格式如下：字符串或字符串变量加上[起始序号:截止序号]

　　切片片段范围：起始序号至截止序号−1

　　特殊规则说明：起始序号留空，意味着从序号0开始切片。截止序号留空，意味着切片到最后一位[12]

　　练习字符串切片，并保存为4_9.py。

练一练

Chapter 01
Chapter 02
Chapter 03
Chapter 04
Chapter 05

```python
# 定义字符串
demo_str = '答得喵考试中心'


# 各种利用序号截取字符串片段
print(demo_str)              # 输出字符串
print(demo_str[0:3])         # 输出正数第1个到正数第3个字符
print(demo_str[:3])          # 输出正数第1个到正数第3个字符
print(demo_str[3:])          # 输出正数第4个到最后1个字符
print(demo_str[-4:])         # 输出倒数第4个到倒数第1个字符
print(demo_str[0:-2])        # 输出正数第1个到倒数第3个字符
```

 温馨提示

请务必在运行之前，根据规则自行用大脑模拟一下最终结果，因为MTA考试时，这方面的内容不少。

　　我们看一下参考结果，你可以和自己的运行结果核对一下。

---

12 考点

看一看

> 答得喵考试中心
> 答得喵
> 答得喵
> 考试中心
> 考试中心
> 答得喵考试

温馨提示

从第2行到第5行，我们可以看出，对同样的结果可以采用不同的切片方法。

3. 连接字符串

练习连接字符串，并保存为4_10.py。

练一练

```
# 定义欢迎语主体
welcome = '答得喵欢迎你, '


# 让用户输入自己的姓名
username = input('请输入您的姓名: ')


# 显示完整欢迎语
print(welcome + username)
```

温馨提示

1. welcome 变量被赋值字符串，username 变量被赋值用户输入的字符串。
2. 字符串相连接需要用+号，所以在输出的时候，把两个字符串连接起来了。[13]

连接之后是什么效果？

看一看

> 请输入您的姓名：大田
> 答得喵欢迎你，大田

温馨提示

从最后一行输出结果，我们可以看到，通过+号把两个字符串合并连接起来了。

---

13 考点

4. 复制字符串

练习复制字符串，并保存为4_11.py。

练一练

```python
# 定义字符串
demo_str = '睿一'


# 复制字符串
copy_str = demo_str * 2


# 输出字符串
print(copy_str)
```

💡 **温馨提示**

*表示复制当前字符串，紧跟的数字为复制的次数。[14]

看一看

```
睿一睿一
```

💡 **温馨提示**

我们可以看到字符串睿一被复制并输出了，复制的次数是2，你可以尝试将2修改为其他数字看看效果。

5. 子字符串

有时候，我们需要知道某字符串是否在另一个字符串里面出现过，此时我们就需要用到in[15]。

练一练

```python
>>> '答' in '答得喵'
True
>>> '大' in '答得喵'
False
>>>
```

💡 **温馨提示**

1. 答是否在答得喵里呢？当然啦，所以返回结果为布尔值True。
2. 大是否在答得喵里呢？当然…没有啦，所以返回结果为布尔值False。

---

14 考点
15 考点

6. 转义字符

练习敲如下代码，了解转义字符，并保存为4_13.py。

练一练

```python
print('你好 \
答得喵')
print('你好 \\ 答得喵')
print('品牌是 \'答得喵\'')
print("品牌是 \"答得喵\"")
print('品牌是答得喵。\n公司是睿一')
print('睿一\t睿毅\n甜彩\t喵喵')
```

 温馨提示

仔细按照要求敲下代码并运行，特别需要注意单引号还是双引号，以及是否在英文半角状态下输入各个标点符号。

很明显，转义字符就是由反斜杠（\）或者反斜杠（\）和其余字符租合，常用的转义字符，可以参照书中的附录B。

看一看

```
你好答得喵
你好 \ 答得喵
品牌是 '答得喵'
品牌是 "答得喵"
品牌是答得喵。
公司是睿一
睿一    睿毅
甜彩    喵喵
```

 温馨提示

1. 第一个print语句占了两行，数据结果合并到了一行(可以参考多行语句的表达方式)。
2. 第二个print语句有两个反斜杠（\），但是结果上只有一个反斜杠(\)，如果我们需要输出的内容中，必须包含反斜杠(\)，需要两个反斜杠(\)连着才能输出一个反斜杠（\），也就是用反斜杠自己转义一下自己。
3. 第三个print语句，如果需要在放在单引号的字符串中，仍希望打印带单引号的字符，则需要反斜杠（\）配合（\'）。
4. 第四个print语句，如果需要在放在双引号的字符串中，仍希望打印带双引号的字符，则需要反斜杠（\）配合（\"）。
5. 第五个print语句，原本一行的字符串在看一看中被打印成了两行，证明反斜杠（\）+（n）实现了换行的作用。
6. 第六个print语句，反斜杠（\）+（t）并没有出现在看一看中，而是空开了位置，这实际上是空了一个制表符的位置。整句里面的四个字符串，通过换行符和制表符，排列为2行2列。

转义字符有个特性，在使用len计算字符串位数的时候，转义字符按照输出后的结果计算位数，比如\\只计算为1位。[16]

7. 格式化字符串

练习敲代码，并保存为4_14.py。

练一练

```python
my_name = 'Handy'
my_age = 45
my_height = 173.0
my_weight = 90.0
my_eyes = 'black'
my_teeth = 'white'
my_hair = 'black'
my_email = '33333309@qq.com'


print("Let's talk about %s." % my_name)
print("He is %d years old." % my_age)
print("He is %03.2f cm tall." % my_height)
print("He is %03.2f kg heavy." % my_weight)
print("He is got %s eyes and %s hair." % (my_eyes, my_hair))
print("His teeth are usually %s depending on the coffee." % my_teeth)
print("If I add %d, %03.2f, and %03.2f." % (my_age, my_height, my_weight), my_
age + my_height + my_weight)
print("His email is %s." % my_email)
```

💡 **温馨提示**

1. %之前的字符串中，有%s、%d、%f等符号，这些符号和%后的变量一一对应。如果数量不一致，都会引起语法错误。
2. 字符串中只有%s、%d、%f其中一个符号比较容易，如果出现了多个，%号后需要用括弧，放置对应数量的变量。
3. 倒数第二个Print语句中my_age + my_height + my_weight不是字符串，实际上是变量的计算。

上面的代码相当于告诉Python，这是一个格式化字符串，把这些变量放在%s、%d、%f等字符所在的几个位置。[17]

表现形式上，除了要打印的固定内容之外，我们在代码中加入字符格式化符号，%s、%d、%f，可参考附录C，配合上变量组合成格式化字符串。

请根据代码特征，思考一下最终输出的结果会是怎样。

---

16 考点
17 考点 MTA更喜欢这么考格式化输出，二级常用另外的方式。

看一看

```
Let's talk about Handy.
He is 45 years old.
He is 173.00 cm tall.
He is 90.00 kg heavy.
He is got Black eyes and Black hair.
His teeth are usually White depending on the coffee.
If I add 45, 173.00, and 90.00. 308.0
His email is 33333309@qq.com.
```

 温馨提示

1. 运行后，可以和看一看进行核对，如果发现有所不同，请检查自己的代码是否敲得准确。
2. 看看结果和自己的想象是否一样。

8. 字符串方法

字符串的方法实在太多了，二级考核相对较多，MTA里考到的不多，我们会根据实际应用比较多的标准进行介绍，所以会比考纲介绍多一些。

（1）format

format方法，在格式描述层面，参数顺序如表所示，所有参数都是可选的。[18]

表4-2　format参数顺序

参数序号	:	填充字符	对齐方式	宽度	,千分位符号	.小数位数	数据类型
通过序号指定使用哪个参数	引导符号	用于填充的单个字符	<左对齐 >右对齐 ^居中对齐	输出的宽度	数字的千分位分隔符，适用于整数和浮点数	浮点数小数部分的精度	整数类型b（二进制），c（Unicode），d(十进制),o（八进制),x（小写十六进制），X（大写十六进制）浮点数类型e（小写指数形式），E（大写指数形式），f（浮点形式），%（输出浮点数百分比形式）

format方法可以对字符串进行更加细致的格式设置，可以有很多用途，我们将会逐一列举常用的案例。

练习替换字段名顺序+参数，并保存为4_15.py。

练一练

```
demo_str = '{}{c}{}{b}'.format('公司', '品牌', b='答得喵', c='睿一')
print(demo_str)
```

---

18 考点

1. 替换字段，就是用{}括起来的，比如练一练中出现的：{}、{c}、{b}，每对{}都代表一个替换字段，如果文本中本身需要{}，那么就用两个花括号来解决{{}}。[19]
2. format()，中的内容'公司', '品牌', b='答得喵', c='睿一'是替换选项。

我们运行一下，看看替换的结果。

看一看

公司睿一品牌答得喵。

温馨提示

本练一练替换选项使用了参数与位置混搭的方式填写入文本。比如：format()，中的内容'公司', '品牌'就是位置的字段，对应没有参数的替换字段，按照位置出现的顺序填写到文本中；再比如：format()，中的内容b='答得喵', c='睿一'，就是参数方式，意思就是用答得喵替换b，用睿一替换c，我们会发现字符串中，有两对{}中，分别有b参数和c参数，将分别用答得喵和睿一替换。

还有另一种方式，手动位置+参数。
练习替换字段名手动顺序+参数，并保存为4_16.py。

练一练

```
demo_str = '{1}{c}{1}{b}'.format('公司', '品牌', b='答得喵', c='睿一')
print(demo_str)
```

温馨提示

format方法括弧()中的内容是有序号的，从0开始，比如：'公司'的序号是0，比如：'品牌'的序号是1。

我们会发现，这一次的练一练中出现了两个{1}，你能猜到有什么用处么？

看一看

品牌睿一品牌答得喵。

温馨提示

对比上一个练一练的结果公司睿一品牌答得喵，我们会发现'公司'虽然出现在了format方法中，但是并没有被套用到字符串中，取而代之的是'品牌'，这就是手工录入位置序号从而实现的结果。

---

19 考点

除了简单的替换之外，还可以对替换的字段进行格式设置，格式设置内容也很丰富。

练习指定字符类型，并保存为4_17.py。

练一练

```
print('{pi:s} = {v:f}'.format(pi='π', v=3.14))
```

 温馨提示

这个字符串很明显用的是参数方式，参数pi后面跟着:s，参数v后面跟着:f，这是什么意思呢？和格式化字符串中的%s %f是一样的意思。

在敲完了代码运行之前，请自己判断一下结果会是怎样，以便和最终结果进行核对，这对于以后编程，以及参加MTA考试，都会很有帮助。

看一看

```
π = 3.140000
```

 温馨提示

π =我想都没什么问题，后面的3.140000是浮点数，浮点数格式默认小数点后面显示6位小数，默认设置可能不是你想要的，我们将在后续了解如何设置。

接着，来看如何对字符串进行宽度设定。

练习敲代码指定宽度，并保存为4_18.py。

练一练

```
print('\'{num:10}\''.format(num=3.14))
print('\'{pi:10}\''.format(pi='π'))
print('\'{num:10}\''.format(num=123456789012345))
```

 温馨提示

1. 还记得\'作何用途么？可以参照转义字符。
2. :10就是指定的宽度，10个字符的位置。

现在你的脑中可以想象到打印输出是什么样子的么？

看一看

```
'      3.14'
'π         '
'123456789012345'
```

温馨提示

1. 如果字符或数字的宽度本身小于10，如第1行的<u>3.14</u>和第2行的**π**，会补足10位，有个特点就是<u>默认字符串靠左对齐，数值靠右对齐</u>。
2. 如果字符或数字的宽度本身大于10，如第3行的<u>123456789012345</u>，会原样输出。

接着，我们来看看对于精度的指定。

练习敲代码指定精度，并保存为4_19.py。

练一练

```
print('\'{pi:.3f}\''.format(pi=3.1415))
print('\'{pi:10.3f}\''.format(pi=3.1415))
print('\'{pi:010.3f}\''.format(pi=3.1415))
print('\'{:.1}\''.format('答得喵'))
```

 温馨提示

精度主要针对浮点数，比如格式：010.3f，这是什么意思呢？第1个0代表，如果有空位置，用0替代，跟着的10代表总宽度为10（含小数），.3代表保留小数点后3位小数。

自己先想想结果是怎样，再运行？

看一看

```
'3.142'
'     3.142'
'000003.142'
'答'
```

 温馨提示

1. 从第1行结果，可以看到由于保留3位小数，原来四位小数通过四舍五入进行了进位。
2. 从第2行结果，可以看到由于.3f前面有个10，所以第2行增加到指定的宽度10。
3. 从第3行结果，可以看到由于10.3f前面增加了0，所以空出来的5个位置添加了0。
4. 从第4行结果，可以看到可以通过格式化字符的方法，进行字符串切片。

数字用在财务上，有时候需要增加千分位符。

练习敲代码增加千分位符，并保存为4_20.py。

练一练

```
print('答得喵2019年收入是{:,.2f}'.format(10000000.356))
```

温馨提示

千分位符本来就是用英文半角逗号来表示，所以在格式里也是通过逗号（，）来表示。

如果不知道千分位符用手工是怎么增加的，那么很难判断对错，建议可以了解一下。

看一看

> 答得喵2019年收入是10,000,000.36

温馨提示

我们可以看到，增加千分位符之后的结果，而且保留了两位小数。

如果我们不想让数据采用默认的对齐方式，而是希望控制对齐方式该如何办？

练习代码看对齐，并保存为4_21.py。

练一练

```python
# 浮点数对齐
print('\'{:<10.2f}\''.format(3.14))
print('\'{:^10.2f}\''.format(3.14))
print('\'{:>10.2f}\''.format(3.14))
# 字符串对齐
print('\'{:<10}\''.format('答得喵'))
print('\'{:^10}\''.format('答得喵'))
print('\'{:>10}\''.format('答得喵'))
```

温馨提示

（＜）符号代表左对齐，（＾）符号代表居中对齐，（＞）符号代表右对齐。

默认的文本与数字对齐方式会有区别，那么请思考，上面代码运行的结果会是怎样？

看一看

```
'3.14      '
'   3.14   '
'      3.14'
'答得喵       '
'    答得喵   '
'        答得喵'
```

温馨提示

加上对齐的控制符后，我们会看到无论是文本，还是数字，都会按照我们的安排进行对齐。

使用符号进行对齐之后，会有一些空位，可以用符号来进行填充空位。

练习敲代码看花式填充，并保存为4_22.py。

练一练

```python
print('{:^^15}'.format('分割线'))
print('{:^<15}'.format('分割线'))
print('{:^>15}'.format('分割线'))
print('{:^^15.2f}'.format(3.14))
print('{:^<15.2f}'.format(3.14))
print('{:^>15.2f}'.format(3.14))
```

 温馨提示

我们用文本和数字两种类型来研究填充。

先用大脑模拟一下结果，然后再运行，会有助于提升实际工作效率以及MTA认证考试答题效率。

看一看

```
'^^^^^^分割线^^^^^^'
'分割线^^^^^^^^^^^^'
'^^^^^^^^^^^^分割线'
'^^^^^3.14^^^^^^'
'3.14^^^^^^^^^^^'
'^^^^^^^^^^^3.14'
```

 温馨提示

用了指定的字符而不是默认的空格来填充的效果。

看看负数的格式。

练习敲代码看负数格式，并保存为4_23.py。

练一练

```python
print('\'{0:=10.2f}\'\n\'{0:10.2f}\''.format(-3.14))
```

 温馨提示

1. 0:代表，两个替换字段都应用format中的参数-3.14。
2. \n是换行符，参见转义字符。

这里唯一的疑问就是=号的作用，让我们来看一下：

看一看

```
'-      3.14'
'     -3.14'
```

 温馨提示

关于=号的作用，可以让-号左对齐。

接着看如何进行进制转换。

练习敲代码看进制转换，并保存为4_24.py。

练一练

```
#转化二进制
print('\'{0:b}\'\n\'{0:#b}\''.format(20))
# 转化八进制
print('\'{0:o}\'\n\'{0:#o}\''.format(20))
# 转化十六进制
print('\'{0:x}\'\n\'{0:#x}\''.format(20))
```

 温馨提示

1. 替换字段都是十进制数20。
2. :b是转化为二进制，:o是转换为八进制，:x是转换为十六进制。每一行两个替换字段的区别是后者有#号。

提示：如果希望检验，可以自行用系统自带的计算器进行数字转化。

看看二进制转化结果

看一看

```
'10100'
'0b10100'
'24'
'0o24'
'14'
'0x14'
```

 温馨提示

#号的作用就是可以加上所采用进制的前缀：0b、0o、0x。

实战练习：打印带格式的报价单

练习打印带格式的报价单，并保存为4_25.py。

练一练

```
# 指定宽度，此处可变为与用户互动，请思考怎么做？
# 总宽度40
total_width = 40
# 价格宽度10
price_width = 10
# 条目宽度30
item_width = 30


# 初始化标题样式，居中，根据total_width决定宽度
subject_format = '{{:*^{}}}'.format(total_width)
# 初始化表头格式
header_format = '{{:{}}}{{:>{}}}'.format(item_width, price_width)
# 初始化报价单主体格式
body_format = '{{:{}}}{{:{}.2f}}'.format(item_width, price_width)

print(subject_format.format('dademiao.com List'))
# 华丽的分割线
print('=' * total_width)
# 打印表头
print(header_format.format('Item', 'Price'))
# 华丽的分割线
print('-' * total_width)
# 打印表体
print(body_format.format('MOS', 450))
print(body_format.format('MTA', 650))
print(body_format.format('MCP', 1150))
print(body_format.format('ACA', 599))
# 华丽的分割线
print('=' * total_width)
```

 温馨提示

1. 这个范例用到了新的知识就是{}的嵌套，可以自行体会一下。[20]
2. 请务必确保自己敲的代码和上面显示一致。

---

20 考点

一起看看打印结果。

看一看

```
***********dademiao.com List************
=======================================
Item                               Price
---------------------------------------

MOS                               450.00
MTA                               650.00
MCP                              1150.00
ACA                               599.00
=======================================
```

 温馨提示

如此嵌套的好处在于写死在代码里的内容都可以通过变量来重写。

（2）center

练习4-26 center方法应用，并保存为4_26.py。

练一练

```
subject = 'dademiao.com'
print(subject.center(40, '*'))
```

 温馨提示

center(40, '*')的意思就是40宽，用*号填充空白。

这个center应该是最容易理解的，就是居中。

看一看

```
**************dademiao.com**************
```

 温馨提示

思考一下，用format方法是否可以达到同样效果？该怎么做？前面的练一练有对应的结果。

（3）find

练习find方法，并保存为4_27.py。

练一练

```
content = '答得喵在申请知名品牌'


print(content.find('申请'))
```

 温馨提示

1. 首先定义了一个字符串变量content，作为我们要进行查找的范围。
2. content.find('申请')是说要在content中查找的内容'申请'。
3. print主要是把结果输出出来，进行查看。

结果会是怎样的呈现呢？

看一看

```
4
```

 温馨提示

1. 4指的是什么呢？它是指我们查找的内容中的文本"申请"的第一个字"申"在内容中出现的位置，我们知道字符串序号起始于0，申在content中是第5位出现，所以5-1=4，也就是申的序号。简单来说，就是"申请"二字首次出现在内容中的位置。
2. 如果你要找的是内容中并不存在的字符，会有什么结果呢？结果是，返回-1，你可以尝试一下。

（4）replace

练习replace方法，并保存为4_28.py。

练一练

```
content = '答得喵在申请知名品牌'


print(content.replace('在申请', '是'))
```

 温馨提示

整体意思就把content中的在申请替换成是并输出到屏幕上。

结果是怎样的呢？

看一看

答得喵是知名品牌

 温馨提示

1. 如果代码没有问题，替换一定是成功的。
2. 如果要被替换的旧文本本身并不存在会怎样呢？建议你尝试一下。
3. 输出的内容里在申请被替换成了是,但是并不改变原来的变量的赋值。

（5）split

练习敲如下代码，并保存为4_29.py。

练一练

```python
# 定义一个固定电话号码变量tel并赋值
tel = '023-63086527'


# 定义一个列表变量tel_detail，保存tel被拆分后的结果
tel_detail = tel.split('-')


# 输出变量tel_detail看看结果
print(tel_detail)


# 根据拆分后的结果，输出变量
print('区号是', tel_detail[0])
print('电话是', tel_detail[1])
```

 温馨提示

tel.split('-')指得是，把tel字符串用指定的分隔符-进行拆分，如果没有指定分隔符，则用空格、制表符、换行符进行拆分。

接着，我们要分析一下结果。

看一看

```
['023', '63086527']
区号是 023
电话是 63086527
```

温馨提示

拆分好的结果是列表['023', '63086527']。

（6）join

练习敲如下代码，并保存为4_30.py。

练一练

```python
# 列表中保存着区号和电话号码
tel_detail = ['023', '63086527']
num = '0123456789'


# 定义分隔符
connect = '-'


# 用分隔符把列表链接起来
tel = connect.join(tel_detail)
num_update = connect.join(num)


# 输出结果
print(tel, '\n', num_update)
```

温馨提示

join是split的逆过程，可以用分隔符。本例来说，就是'-'，注意join除了可以链接列表外还可以链接普通字符串，字符串和列表在很多方面有相同点。

结果会是如何呢？

看一看

```
023-63086527
 0-1-2-3-4-5-6-7-8-9
```

温馨提示

字符串0123456789中每一个数字，都相当列表中的一个元素。

（7）lower/upper

练习敲如下代码学，并保存为4_31.py。

练一练

```
up_str = 'DADEMIAO'


print(up_str.lower())
```

 温馨提示

打印输出字符串变量up_str方法lower之后的结果。

与lower相反的就是upper，看完lower的结果，我想你就知道upper是干啥用的了。

看一看

```
dademiao
```

 温馨提示

英文字符串全部都被用小写字母替代了，另一方法upper可以把英文字符串全部都变成大写字母。

类似的方法可以自行在网上查找一下，capitalize、swapcase、title，建议你用这些方法替换练一练中的lower方法进行一下尝试，了解用法。

（8）strip

练习敲如下代码，并保存为4_32.py。

练一练

```
demo_str = '   Dademiao is good.   '


print(demo_str.strip())
```

 温馨提示

有时候，字符串就像练一练中这样，左右都有空格，需要进行格式整理。

strip中文为清除，看看它能帮我们清除什么。

看一看

```
Dademiao is good.
```

温馨提示

可以看到，strip帮我们把字符串左右的空格清除了，但是字符串中间的空格不受影响，这只是strip的参数留空的效果。其实，strip里面还可以加上参数，这个参数可以是任何你希望在给定字符串左右两侧要去掉的字符串，这就是strip方法的应用场合。

（9）count

练习敲如下代码，并保存为4_33.py。

练一练

```
demo_str = '答得喵就是答得妙'
print(demo_str.count('答得'))
```

 温馨提示

很明显，我们现在通过demo_str.count('答得')来计算字符串'答得'在字符串'答得喵就是答得妙'中出现的次数。

结果很明显是2次，你可以试验一下。

（10）is系列

记一记

表4-3　is 系列方法

内容	解释
isalnum	如果字符串中的所有字符都是字母数字且至少有一个字符, 则返回True, 否则为False
isalpha	如果字符串中的所有字符都是字母, 并且至少有一个字符, 则返回True, 否则为False
isdecimal	如果字符串中的所有字符都是十进制字符且至少有一个字符, 则返回True, 否则为False
isdigit	如果字符串中的所有字符都是数字且至少有一个字符, 则返回True, 否则为False
isidentifier	如果字符串是根据语言定义、节标识符和关键字的有效标识符, 则返回True
islower	如果所有字符在字符串中都是小写的,则返回True
isnumeric	如果字符串中的所有字符都是数字字符, 并且至少有一个字符, 则返回True, 否则为False
isprintable	如果字符串中的所有字符都可打印或字符串为空, 则返回True, 否则为False
isspace	如果字符串中只有空白字符且至少有一个字符, 则返回True, 否则为False
istitle	如果单词的首字母大写, 并且至少有一个字符, 则返回True, 否则为False
isupper	如果字符串中的所有字符都是大写且至少有一个字符, 则返回True, 否则为False

 温馨提示

返回结果只有True/False两种。

4.1.6 tuple（元组）

练习4元组概览，敲如下代码，并保存为4_34.py。

练一练

```python
# 创建元组第一种方法，逗号分隔
test_a = 1, 3, 5
test_b = '答得喵', '睿一', '睿毅'
# 创建元组第二种方法，圆括号括起
test_c = (1, 3, 5)
test_d = ('答得喵', '睿一', '睿毅')
# 创建元组第三种方法，从列表或字符串创建元组
list_a = [1, 3, 5]
str_b = 'abcdefghijkl'
test_e = tuple(list_a)
test_f = tuple(str_b)
# 创建空元组
test_g = ()
# 创建单元素元组
test_h = (1,)


# 打印输出
print(test_a, '\n', test_b, '\n', test_c,
      '\n', test_d, '\n', test_e,
      '\n', test_f, '\n', test_g,
      '\n', test_h)


# 元组查询与切片
print(test_a[0], '\n', test_b[1], '\n', test_c[2], '\n', test_d[0:2])
```

> **温馨提示**
>
> 元组并不复杂，练一练从创建、输出、查询到切片。

接着我们从输出结果来看看元组的相关操作。

看一看

```
(1, 3, 5)
('答得喵', '睿一', '睿毅')
(1, 3, 5)
('答得喵', '睿一', '睿毅')
(1, 3, 5)
('a', 'b', 'c', 'd', 'e', 'f', 'g', 'h', 'i', 'j', 'k', 'l')
()
(1,)
1
睿一
5
('答得喵', '睿一')
```

💡 **温馨提示**

1. 从第一行到第四行的结果来看，第一种方法和第二种方法创建元组的效果是一样的。
2. 第五行可以看到列表可以直接转化为元组，第六行可以看到字符串被切分成元组。
3. 从数组查询和切片可以看到，数组的查询和切片与字符串查询与切片类似。

元组在很多特性上和文本类似，所以可以进行和字符串类似的操作。

练习敲如下代码，并保存为4_35.py。

练一练

```
# 定义单元素元组
name = ('答得喵', )
hi = ('Hi', )


# 输出元组计算结果
print(hi + name)
print(hi * 4)
```

💡 **温馨提示**

猜猜看元组做同样的操作，效果是否和连接字符串和复制字符串一样。

操作的结果，和连接字符串和复制字符串的效果类似。

看一看

```
('Hi', '答得喵')
('Hi', 'Hi', 'Hi', 'Hi')
```

温馨提示

元组操作之后，结果仍旧是元组。

4.2　可变数据类型

可变数据的可变指得是什么呢？就是数据类型中的元素可以改变。

4.2.1　set（集合）

Python中的集合和数学中的集合概念一致，包含0到多个数据项的无序组合，没有索引和位置，可以动态增加或者删除元素。

集合中的元素不可重复，元素类型只能是不可变的。比如：整数、浮点数、字符串、元组，但不能是列表、字典和集合。

基于集合中的元素不可重复，所以集合可以用于过滤掉列表中的重复元素。（很有用的功能）

集合类型的数据可以使用四个运算符，-|&^，和数学集合的差（-）、并（|）、交（&）、补（^）

练习敲如下代码，并保存为4_36.py。

练一练

```python
# 定义集合变量的第一种方式大括弧 { }
product = {'答得喵', '睿一', '睿毅', '白领伙伴', '答得喵'}
group_one = {'答得喵', '睿一'}
group_two = {'睿毅', '白领伙伴', '答得喵'}



# 输出集合
print(product)
# 输出group_one有但group_two没有的
print(group_one - group_two)
# 输出group_one和group_two的并集两者之和的集合
print(group_one | group_two)
# 输出group_one和group_two的交集
print(group_one & group_two)
# 输出group_one和group_two中不同时存在的元素
print(group_one ^ group_two)
```

温馨提示

1. 定义集合product，其中有两个答得喵，也就是元素有重复。
2. 定义集合group_one和group_two，进行两个集合的计算。

集合的基本功能是进行成员关系测试和删除重复元素。

看一看

```
{'白领伙伴', '睿毅', '答得喵', '睿一'}
{'睿一'}
{'白领伙伴', '睿毅', '答得喵', '睿一'}
{'答得喵'}
{'白领伙伴', '睿毅', '睿一'}
```

💡 **温馨提示**

1. 第一行，我们可以看到集合删除了多余的'答得喵'，证明集合有删除重复元素的功能，集合是无序的，python不保证其中元素的次序，所以每次输出都有可能不同，下同。
2. 第二行，group_one减去了与group_two里与gounp_one相同的元素后，剩下的部分。
3. 第三行，group_one和group_two之和，而且是去重之后的结果。
4. 第四行，group_one和group_two共有的部分。
5. 第五行，group_one和group_two除共有部分以外的部分之和。

4.2.2 list（列表）

列表是一种序列，和数学中的序列类似，$S = S_0, S_1, S_2, \cdots S_{N-1}$，是一维元素向量，元素之间存在先后顺序，可以通过序号访问。

1. 创建列表

练习敲如下代码，并保存为4_37.py。

练一练

```python
# 创建列表的两种方法
# 第一种[]
brand = ['睿一', '答得喵', '睿毅']
money = [1000, 2000, 3000]
mix = ['睿一', 1000]
# 第二种用list转换文本为列表
under_ten = list('0123456789')


# 输出检查
print(brand)
print(money)
print(mix)
print(under_ten)
```

温馨提示

列表中的元素可以是字符、可以是数字、甚至可以混搭，所以列表（序列）是Python中最基本的数据结构。（数据结构:是以某种方式组合起来的数据元素）

通过各种方式构建的序列，打印输出出来会是怎样？

看一看

```
['睿一', '答得喵', '睿毅']
[1000, 2000, 3000]
['睿一', 1000]
['0', '1', '2', '3', '4', '5', '6', '7', '8', '9']
```

 温馨提示

用list转换字符串比较奇特，是把字符串中的每个字符切开，形成序列。

2. 列表查询

列表是由一串元素组成的序列，每个元素都有自己的序号，序号分为正数和倒数两种，正数时序号从0开始，倒数时序号从-1开始，比如：列表[0, 1, 2, 3, 4, 5, 6, 7, 8, 9]其中的数字3正数的序号是3，倒数的序号是-7[21]，如表所示：

表4-4 列表[0, 1, 2, 3, 4, 5, 6, 7, 8, 9]的序号

序号正数	0	1	2	3	4	5	6	7	8	9	
	-10	-9	-8	-7	-6	-5	-4	-3	-2	-1	序号倒数
列表	0	1	2	3	4	5	6	7	8	9	

这个序号无论是正数还是倒数，对于我们查询列表元素，显得非常重要。

练习敲如下代码，并保存为4_38.py。

练一练

```python
# 定义列表
under_ten = [0, 1, 2, 3, 4, 5, 6, 7, 8, 9]


# 根据正数序号输出元素
print(under_ten[0])
print(under_ten[1])
print(under_ten[2])
print(under_ten[3])
print(under_ten[4])
```

21 考点

```
print(under_ten[5])
print(under_ten[6])
print(under_ten[7])
print(under_ten[8])
print(under_ten[9])
# 根据倒数序号输出元素
print(under_ten[-10])
print(under_ten[-9])
print(under_ten[-8])
print(under_ten[-7])
print(under_ten[-6])
print(under_ten[-5])
print(under_ten[-4])
print(under_ten[-3])
print(under_ten[-2])
print(under_ten[-1])
```

💡 **温馨提示**

代码中，我们查询了每一个列表中的元素，你可以不必都进行尝试。

让我们看一下查询结果。

看一看

```
0
1
2
3
4
5
6
7
8
9
0
1
2
3
4
5
6
7
8
9
```

温馨提示

无论用正数还是倒数的序号，均可完成同样的操作。

3. 列表切片

表4-5 列表[0, 1, 2, 3, 4, 5, 6, 7, 8, 9]序号与元素关系

序号正数	0	1	2	3	4	5	6	7	8	9	
	−10	−9	−8	−7	−6	−5	−4	−3	−2	−1	序号倒数
列表	0	1	2	3	4	5	6	7	8	9	

列表切片除了要用到序号之外，我们还需要知道如下格式：

切片格式如下：列表或列表变量加上[起始序号:截止序号:步长]

切片片段范围：起始序号至截止序号−1

特殊规则说明：起始序号留空，意味着从序号0开始切片。截止序号留空，意味着切片到最后一位，步长如果缺省，步长为1。[22]

（1）切片

练习敲如下代码，并保存为4_39.py。

练一练

```
# 定义列表
under_ten = [0, 1, 2, 3, 4, 5, 6, 7, 8, 9]


# 切片的第2-7位的表示方法示例
print(under_ten[1:7])
print(under_ten[-9:7])
```

 温馨提示

起始序号和截止序号可以都用正数序号、倒数序号，或者两者混用。

两者结果是否一致呢？

看一看

```
[1, 2, 3, 4, 5, 6]
[1, 2, 3, 4, 5, 6]
```

---

22 考点

温馨提示

两者效果一致，都是从第2个元素到第7个元素的结果。

（2）步长

练习敲如下代码，并保存为4_40.py。

练一练

```
# 定义列表
under_ten = [0, 1, 2, 3, 4, 5, 6, 7, 8, 9]


# 打印输出10以内所有的单数
print(under_ten[1::2])


# 打印输出10以内所有的偶数
print(under_ten[::2])


# 打印输出10以内所有3倍数
print(under_ten[3::3])


# 打印输出10以内所有4倍数
print(under_ten[4::4])
```

温馨提示

以上打印输出的代码中都设定有非1的步长。

在真正输出之前，用大脑思考可能出现的结果。

看一看

```
[1, 3, 5, 7, 9]
[0, 2, 4, 6, 8]
[3, 6, 9]
[4, 8]
```

温馨提示

注释中，我们写了每段代码需要完成的功能，可以验证下是否达成。

4. 更新列表元素

练习敲如下代码，并保存为4_41.py。

练一练

```python
# 定义列表
under_ten = [0, 1, 2, 3, 4, 5, 6, 7, 8, 9]


# 把正数序号1序列中的数字更新为字符答得喵
under_ten[1] = '答得喵'
# 把正数序号3序列中的数字更新为对应的文本
under_ten[3] = '3'
# 把正数序号7到8里面的数字都更新为字符睿一
under_ten[7:9] = ['睿一', '睿一']


# 打印输出检验
print(under_ten)
```

 温馨提示

体现列表的可修改性，列表中的元素可以修改成字符，也可以修改成数字，可一个个修改，还可一片片修改。

修改结果会是如何，先用提前模拟一下，再运行进行核对。

看一看

```
[0, '答得喵', 2, '3', 4, 5, 6, '睿一', '睿一', 9]
```

 温馨提示

我们可以看到，该替换的都已经替换完毕了。

除了更新既有元素之外，我们还可以通过序号，删除列表中的元素。

练习敲如下代码，并保存为4_42.py。

练一练

```python
# 定义列表
brand = ['答得喵', '可口', '甜彩', '睿一', '睿毅']


# 以删除品牌可口为例
del brand[1]
```

```
# 输出检验
print(brand)
```

 温馨提示

del就是删除的意思，简单直白，要告知del是删除哪个列表的序号为几的参数。

删除元素之后的效果怎样？

看一看

```
['答得喵', '甜彩', '睿一', '睿毅']
```

 温馨提示

列表定义时的元素'可口'已经不见了。

5. 列表相加

练习敲如下代码，并保存为4_43.py。

练一练

```
# 定义列
list_a = ['睿一', '网络']
list_b = ['重庆', '两江新区']


# 列表相加
print(list_a + list_b)
```

Chapter 01

Chapter 02

Chapter 03

 温馨提示

在最后一行有个语句list_a + list_b，就是列表相加。

Chapter 04

你可以想象一下，结果会是什么，提示一下，和字符串相加挺像的。

看一看

Chapter 05

```
['睿一', '网络', '重庆', '两江新区']
```

 温馨提示

两个列表拼成了一个列表。

6. 列表乘法

练习敲如下代码，并保存为4_44.py。

练一练

```python
# 定义一个列表
single = ['a', 'b']


# 列表乘法
double = single * 2


# 输出检查
print(double)
```

 温馨提示

练一练中举例列表和2相乘，你可以尝试一下和0相乘以及和-1相乘，分别看看效果。

列表乘法和复制字符串类似。

看一看

```python
['a', 'b', 'a', 'b']
```

 温馨提示

原来列表的元素多了1倍，并形成了新的列表。

7. 嵌套列表

练习敲如下代码，并保存为4_45.py。

练一练

```python
# 定义公司旗下品牌，用列表保存品牌名，网址，两个元素
smartone = ['睿一', 'www.smartone.so']
dademiao = ['答得喵', 'www.dademiao.com']
# 列表可以包含其他列表，所以可以创建列表包含所有品牌的相关元素
whole_company = [smartone, dademiao]


# 打印输出检查
print(whole_company)
```

> **温馨提示**
>
> 这种做法在处理一系列值时特别有效。通过一个容器，把这些值都可以装起来。比如whole_company被定义，装了公司所有的品牌，每个品牌有一个列表，装了该品牌的相关元素。

运行出来的结果是怎样呢？

看一看

```
[['睿一', 'www.smartone.so'], ['答得喵', 'www.dademiao.com']]
```

> **温馨提示**
>
> 我们会看到，列表嵌套到了一起。

8. 其他列表运算符和函数

记一记

表4-6

内容	解释
x in list	判断x是不是list的元素之一，是就返回True，不是就返回False
x not in list	判断x是不是list的元素之一，不是就返回True，是就返回False
len(list)	list中元素的个数
min(list)	list中最小的
max(list)	list中最大的
list(x)	可以转换其他数据类型为列表或创建空列表list()

> **温馨提示**
>
> 列表内容相对比较简单但很实用，大家可以自行尝试一下，在编程中应用较多。

9. 列表方法

（1）append

练习敲如下代码，并保存为4_46.py。

练一练

```
# 定义品牌列表
brand = ['答得喵', '可口', '甜彩', '睿一', '睿毅']
```

```
# 增加品牌白领伙伴
brand.append('白领伙伴')


# 输出新品牌列表检查
print(brand)
```

 温馨提示

append单词是增加延展的意思，append方法的用途也如名字。

增加元素后，增加的元素会摆在哪里？

看一看

```
['答得喵', '可口', '甜彩', '睿一', '睿毅', '白领伙伴']
```

 温馨提示

很明显新增的列表元素，位置在列表的末尾。

（2）clear

练习敲如下代码，并保存为4_47.py。

练一练

```
# 定义品牌列表
brand = ['答得喵', '可口', '甜彩', '睿一', '睿毅']


# clear方法
brand.clear()


# 输出新品牌列表检查
print(brand)
```

 温馨提示

clear的意思比较明确，清理干净。

把列表打扫之后，会是什么结果呢？

看一看

```
[ ]
```

 温馨提示

列表被清空了。

（3）copy

列表是否通过赋值的方式进行复制呢？

练习敲如下代码，并保存为4_48.py。

练一练

```
# 定义品牌列表
brand = ['答得喵', '可口', '甜彩', '睿一', '睿毅']


# 为top_brand赋值brand
top_brand = brand


# 看看top_brand和brand的内存地址
print('top_brand的内存地址是: ', id(top_brand), '\n',
        'brand的内存地址是: ', id(brand))


# 对top_brand删除品牌可口
del top_brand[1]


# 打印输出brand
print(brand)
```

 温馨提示

id()函数可以用于查询变量的内存地址，这不是此处的知识点，但是对于了解列表的复制很有帮助。

两个列表变量通过赋值操作，是否真的相同？内存地址有什么关联？修改其中一个对于另一个，有没有影响？

看一看

```
topbrand的内存地址是：  30534232
 brand的内存地址是：  30534232
['答得喵', '甜彩', '睿一', '睿毅']
```

 温馨提示

1. 特别注意：内存地址30534232这串数字，并不是每个人运行上述代码都会得到同样的内存地址，如果你发现自己的和书上的不同，千万不用紧张并不是错了。
2. 可以看到，赋值操作，让topbrand指向了和brand一样的内存地址，所以无论修改哪一个，另外一个，也会有同样发生改变。

但是有的时候，我们并不希望两者是联动的，此时就需要用到列表的copy方法。

练习敲如下代码，并保存为4_49.py。

练一练

```python
# 定义品牌列表
brand = ['答得喵', '可口', '甜彩', '睿一', '睿毅']


# 复制brand给top_brand
top_brand = brand.copy()


# 看看top_brand和brand的内存地址
print('top_brand的内存地址是: ', id(top_brand), '\n',
        'brand的内存地址是: ', id(brand))


# 对top_brand删除品牌可口
del top_brand[1]


# 打印输出brand
print(brand)
```

 温馨提示

和上一个练一练相比，改动很小，从简单的赋值，变成了copy，形式上表现为对brand使用了copy的方法。

改动虽小，但是我们来看看区别。

Chapter 04 数据类型

- 103 -

看一看

```
top_brand的内存地址是： 25555512
brand的内存地址是： 30534232
['答得喵', '可口', '甜彩', '睿一', '睿毅']
```

 温馨提示

1. 内存地址25555512和内存地址30534232这两串数字，并不是每个人运行上述代码都会得到同样的内存地址，如果你发现自己的和书上的不同，千万不用紧张并没有错。
2. 这一次两个变量指向的内存地址是不一样的。
3. 对topbrand进行的操作，不会影响到brand，反之亦然，这是真正的多复制一个。

（4）count
练习敲如下代码，并保存为4_50.py。

练一练

```
# 定义品牌列表
brand = ['答得喵', '睿一', '可口', '甜彩', '睿一', '睿毅']


print('列表中睿一出现：', brand.count('睿一'), '次')
print('列表中甜彩出现：', brand.count('甜彩'), '次')
```

 温馨提示

1. 这是个简单的列表，我们可以看到睿一出现2次，甜彩出现了1次。
2. brand.count（'睿一'）统计睿一出现的次数，返回int整数。
3. brand.count（'甜彩'）统计睿一出现的次数，返回int整数。

我们的程序计数是否会准确呢？

看一看

```
列表中睿一出现： 2 次
列表中甜彩出现： 1 次
```

 温馨提示

可以看到结果是准确的。

（5）extend
练习敲如下代码，并保存为4_51.py。

练一练

```python
# 定义品牌列表
certi = ['MOS', 'MCP']
new = ['MTA', 'ACA']


# 把列表new增加到certi后面
certi.extend(new)


# 输出检验
print(certi)
print(new)
```

 温馨提示

extend增加，certi.extend(new)直译，就是用new来增加到certi。

添加之后的结果会是如何？哪个列表会受影响？

看一看

```
['MOS', 'MCP', 'MTA', 'ACA']
['MTA', 'ACA']
```

 温馨提示

结果就是certi增加了new的内容，new没有任何变化。

思考一下，用extend和用列表相加有什么区别？

（6）index

练习敲如下代码，并保存为4_52.py。

练一练

```python
# 定义品牌列表
brand = ['答得喵', '睿一', '可口', '甜彩', '睿一', '睿毅']


# 输出睿一在列表中出现的位置
print(brand.index('睿一'))
# 输出知足在列表中出现的位置
print(brand.index('知足'))
```

查询的结果是怎样的呢？

看一看

```
1
Traceback (most recent call last):
  File "C:\Python\Project\ex4-49.py", line 8, in <module>
    print(brand.index('知足'))
ValueError: '知足' is not in list
```

index还可以指定列表的查询范围，比如案例中'睿一'出现了2次，通过设置查询范围，可以查到不同的'睿一'。加上参数之后，应该是index(查询内容，起始位置（可选），截止位置+1（可选）)。截止位置+1的意思就是，如果你希望截止到序号4包含序号4，那么在填写参数的时候，需要填写5。

练习在交互模式下，并保存为4_53.py。

练一练

```
>>> ls = [0, 1, 2, 3, 4, 5, 6, 7, 8, 9]
>>> # 我们想知道列表[5]后有没有7
>>> ls.index(7, 5)
7
>>> # 结果证明列表[5]后有7，位置在列表[7]
>>> # 我们想知道列表[3]到列表[4](含)之间有没有4
>>> ls.index(4, 3, 5)
4
>>> # 结果证明列表[3]到列表[4](含)之间后有4，位置在列表[4]
>>> # 我们想知道列表[3]到列表[4](含)之间有没有9
>>> ls.index(9, 3, 5)
Traceback (most recent call last):
  File "<pyshell#7>", line 1, in <module>
    ls.index(9, 3, 5)
ValueError: 9 is not in list
```

```
>>> # 列表本身里面有9，但是在列表[3]到列表[4](含)之间没有，所以会出现ValueError: 9 is
not in list
```

温馨提示

练习中，#注释里添加了说明，请跟随练习了解index的可选起止参数。

（7）insert

练习敲如下代码，并保存为4_54.py。

练一练

```
# 定义品牌列表
brand = ['答得喵', '可口', '甜彩', '睿一', '睿毅']


# 在甜彩和睿一之间插入品牌知足
brand.insert(3, '知足')


# 输出检查
print(brand)
```

温馨提示

brand.insert(3, '知足')，第一个参数3，就是指出要在哪个位置插入。本例来说，就是查到列表序号3的位置，第二个参数'知足'就是要插入的内容了。

运行一下检查结果。

看一看

```
['答得喵', '可口', '甜彩', '知足', '睿一', '睿毅']
```

温馨提示

知足如约出现在指定位置。

（8）pop

练习敲如下代码，并保存为4_55.py。

练一练

```
# 定义品牌列表
brand = ['答得喵', '可口', '甜彩', '睿一', '睿毅']
```

```
#  删除brand列表最后一个元素
brand.pop()
#  输出检查
print(brand)



#  删除brand列表序号为2的参数（甜彩）
brand.pop(2)
#  输出检查
print(brand)
```

 温馨提示

1. brand.pop(x)是删除元素的方法，x可以取值为空或列表的序号范围。
2. brand.pop()，即x为空时，代表删除列表最后一个元素。
3. brand.pop(2)，即x=2时，代表删除列表中序号为2的元素。

查看结果。

看一看

```
['答得喵', '可口', '甜彩', '睿一']
['答得喵', '可口', '睿一']
```

 温馨提示

从输出结果来看，符合预期。

（9）remove

练习敲如下代码，并保存为4_56.py。

练一练

```
#  定义品牌列表
brand = ['答得喵', '睿一', '可口', '甜彩', '睿一', '睿毅']



#  在品牌列表中删除睿一
brand.remove('睿一')
#  输出检查结果
print(brand)
```

温馨提示

remove可以删除指定的元素，brand.remove('睿一')就是在brand列表中删除元素睿一。

列表brand中有两个睿一，会出现什么现象呢？

看一看

['答得喵', '可口', '甜彩', '睿一', '睿毅']

温馨提示

我们可以看到，第一个元素睿一被删了，但是第二个还在，这说明，如果列表中有多个相同的元素，remove只会删除第一个出现的指定元素。

（10）reverse

练习敲如下代码，并保存4_57.py。

练一练

```python
# 定义序号列表
code = [1, 2, 3]


# 颠倒顺序
code.reverse()


# 输出检查
print(code)
```

温馨提示

reverse反转，就是把列表倒序过来。

倒序之后的结果是怎样的呢？

看一看

[3, 2, 1]

温馨提示

可以看到顺序恰好颠倒了。

（11）sort

练习敲如下代码，并保存4_58.py。

练一练

```python
# 定义序号列表
code = [2, 1, 3]
# 定义英文列表
en_brand = ['dademiao', 'coke', 'sweet', 'smartone']


# code列表默认排序
code.sort()
# 输出检查结果
print(code)
# code列表倒序排序
code.sort(reverse=True)
# 输出检查结果
print(code)


# en_brand列表默认排序
en_brand.sort()
# 输出检查结果
print(en_brand)
# en_brand列表按照长度排序
en_brand.sort(key=len)
# 输出检查结果
print(en_brand)
```

💡 **温馨提示**

1. sort()的括弧里面可以增加参数，留空是默认排序，所以code.sort()，就是code列表按照默认排序。比如：可以指定参数为reverse=True按照倒序排序，code.sort(reverse = True)，就是code列表按照倒序排序；再比如key=len按照元素长度排序，enbrand.sort(key=len)，就是enbrand列表按照元素的长度排序。
2. 中文排序不建议用练一练中的方法，需特殊处理。

输出结果看看。

看一看

```
[1, 2, 3]
[3, 2, 1]
['coke', 'dademiao', 'smartone', 'sweet']
['coke', 'sweet', 'dademiao', 'smartone']
```

温馨提示

对比原列表，可以看到，符合原来预想的结果。

4.2.3 dict（字典）

字典是一种映射类型，每个元素都是一个键（key）值（value）对，元素之间是无序的，例如，每次用print输出字典时，字典中元素的次序都有可能不一样，键和值之间是映射关系。

1. 创建字典

（1）字典

练习敲如下代码，并保存4_59.py。

练一练

```
# 公司分机电话簿
phone_book = {'大田': '110', '西西': '120', '东东': '130'}


# 输出检查
print(phone_book)
print("大田的分机号是: ", phone_book['大田'])
print("西西的分机号是: ", phone_book['西西'])


# 修改电话号码
phone_book['东东'] = '119'


# 输出检查
print("东东的分机号修改为: ", phone_book['东东'])
```

温馨提示

1. phone_book = {'大田':'110', '西西':'120', '东东':'130'}用最简单的方式定义了字典phone_book。
2. print("大田的分机号是: ", phone_book['大田'])，可以通过键来查询值并且输出。
3. phone_book['东东'] = '119'，让我们了解，键对应的值可以修改。

运行一下，看看是否符合预期。

看一看

```
{'大田': '110', '西西': '120', '东东': '130'}
大田的分机号是:  110
```

```
西西的分机号是： 120
东东的分机号修改为： 119
```

 温馨提示

所有输出结果，除第一行，字典类型的数据次序与我们的可能有所不同之外，别的都应该一致。

练一练中使用的是直接录入的方法来创建字典，并且通过一些代码来修改更新字典元素。

接着我们来看看dict函数。

（2）函数dict

练一练

```python
# 键值对列表
employee = [('name', '大田'), ('age', 18), ('gender', 'male')]


# 用dict函数转换键值对列表，生成字典
staff_a = dict(employee)
# 用dict函数关键字实参来生成字典
staff_b = dict(name='归尘', age=18, gender='female')


# 输出打印检查结果
print(staff_a)
print(staff_b)
```

 温馨提示

1. 示范了使用函数dict生成字典的两种典型方法。
2. 第一种方法，employee本身是一个以元组作为元素，组成的列表。
3. 第二种方法，如果你没有像练一练中那样给出参数，则会生成空字典。

看看输出的字典。

看一看

```
{'name': '大田', 'age': 18, 'gender': 'male'}
{'name': '归尘', 'age': 18, 'gender': 'female'}
```

 温馨提示

两种方法，都可以生成类似的字典。字典是无序的，所以次序有可能不同。

（3）键的特性

字典中的键，必须是任意不可变的类型，比如：int，float，str，tuple[23]。

键有唯一性，也就是说，一个字典中，键必须是唯一的，但是值并不需要这样。

大家可以自行尝试一下这些特性。

2. 访问字典

练习敲如下代码，并保存4_61.py。

练一练

```python
# 键-值对列表
employee = {'name': '大田', 'age': 18, 'gender': 'male'}


# 根据键访问字典中的值
print('name is:', employee['name'])


# 确认某个键是否在字典中
print('employee 字典中有键mate? ', 'mate' in employee)
```

 温馨提示

访问分为两种：查询键对应的值，比如：练一练中的查name的值；和查询键是否存在，比如练一练中的'mate' in employee，in 就是检验employee字典中是否有键mate。

观察代码，思考结果应该是什么。

看一看

```
name is: 大田
employee 字典中有键mate?  False
```

 温馨提示

1. 只要字典中有对应的键值对，就很容易可以查到，如果没有会显示什么，请自己查询一下试试。
2. 查询键是否存在，这里我们可以看到返回的是bool值：False，很明显，意思就是不存在。

3. 修改字典元素

练习敲如下代码，并保存4_62.py。

23 考点

Chapter 04 数据类型

练一练

```python
# 键-值对列表
employee = {'name': '大田', 'age': 18, 'gender': 'male'}


# 新增键mate值CC
employee['mate'] = 'CC'


# 修改键age的值
employee['age'] = 19


# 删除gender键-值对
del employee['gender']


# 输出检查
print(employee)
```

💡 **温馨提示**

对字典进行了增删改操作，增加了mate键值，删除了gender键值，修改了age键的值。

看看结果如何？

看一看

```python
{'name': '大田', 'age': 19, 'mate': 'CC'}
```

💡 **温馨提示**

经过增删改之后，字典从{'name': '大田', 'age': 18, 'gender': 'male'}变成了{'name': '大田', 'age': 19, 'mate': 'CC'}，注意，你看到的字典次序有可能和书上不同。

4. 字典应用事例

练习敲如下代码，并保存4_63.py。

练一练

```python
# 定义认证考试类型字典作为数据库
# 这里证明了，值可以用字典类型
certi = {
        'MOS': {
```

```
                'Price': 500,
                'Full Name': 'Microsoft Office Specialist'
        },
        'MTA': {
                'Price': 650,
                'Full Name': 'Microsoft Technology Associate'
        },
        'MCP': {
                'Price': 1250,
                'Full Name': 'Microsoft Certification Professional'
        }
}


# 让用户输入需要参加的考试类型
cname = input('请输入要参加的考试代码（MOS/MTA/MCP）:')
# 用户可能会敲入小写字母，使用字符串upper方法进行修正
cname = cname.upper()


# 判断用户要查询的考试，是否存在于字典certi中
if cname in certi:
    # 如果在字典中，输出考试全名以及结果
    print('您要参加{}，需缴费{}'.format(certi[cname]['Full Name'], \
                            certi[cname]['Price']))
    # 如果没在字典中，输出查无此认证
else:
    print('查无此%s认证' % cname)
```

💡 **温馨提示**

1. 这是目前来说，需要敲得比较多的一段代码，请耐心敲完运行。也许有一些目前还看不懂，没关系，等看完全书，就会明白。
2. 每一行代码，都加了对应的注释，请仔细理解。

　　让我们看看结果表现如何？测试一下，测试分为三种情况，输入与提示一摸一样的考试代码，输入与提示相同的字母但是大小写不同的考试代码，输入不存在的考试代码。

看一看

```
#情况1，输入与提示一摸一样的考试代码:

请输入要参加的考试代码（MOS/MTA/MCP）:MOS
您要参加的考试全名Microsoft Office Specialist，你需缴费500
```

```
#情况2，输入与提示相同的字母但是大小写不同的考试代码：

请输入要参加的考试代码（MOS/MTA/MCP）:Mta
您要参加Microsoft Technology Associate, 需缴费650

#情况3，输入了完全不存在的考试代码：

请输入要参加的考试代码（MOS/MTA/MCP）:ACA
查无此ACA认证
```

 温馨提示

敲这么长的代码，很难确保自己不犯错，一旦出现错误，就要进行核对排查。这种排查过程，有助于提升自己代码检查能力。千万不要只是打开随书附带的代码，运行一下，那样你很难提升技能。

5. 其他字典运算符和函数

记一记

表4-7

内容	解释
x in dict	判断x是不是dict的键之一，是返回True，不是则返回False
x not in dict	判断x是不是dict的键之一，不是返回True，是则返回False
len(dict)	dict中元素的个数
min(dict)	dict中键最小的
max(dict)	dict中键最大的
dict(x)	可以转换其他数据类型为字典或创建空字典dict()

 温馨提示

这些运算符和函数相对比较简单，大家可以自行尝试一下，在实际编程中应用较多。

6. 字典方法

（1）clear

练习敲如下代码，并保存4_64.py。

练一练

```
# 键-值对列表
employee = {'name': '大田', 'age': 18, 'gender': 'male'}



# 清空字典
employee.clear()
```

Chapter 01

Chapter 02

Chapter 03

Chapter 04

Chapter 05

```
# 输出检查
print(employee)
```

 温馨提示

和列表的clear方法功能一致。

看看效果如何。

看一看

```
{}
```

 温馨提示

返回一个空字典。

（2）copy

练习敲如下代码，并保存4_65.py。

练一练

```
# 键-值对列表
employee = {'name': '大田', 'age': 18, 'gender': 'male'}


# 赋值的方法
staff = employee


# copy的方法
workmate = employee.copy()


# 输出两个复制出来的字典
print('staff: ', staff)
print('workmate: ', workmate)


# 通过内存地址检查
print('employee的内存: ', id(employee))
print('staff的内存: ', id(staff))
print('workmate的内存: ', id(workmate))
```

```python
# 给字典workmate增加键-值对
workmate['title'] = 'GM'


# 检查字典employee
print('workmate字典增加后字典employee: ', employee)


# 给字典staff增加键-值对
staff['tel'] = '023-63086527'


# 检查字典employee
print('staff字典增加后字典employee: ', employee)
```

 温馨提示

字典复制有两种方法，两种方法会有所不同，一种是赋值的方法，一种是copy方法，在练一练中均有体现。

两种方法的不同，会带来什么结果呢？可以参考列表的copy方法，两者非常相似。

看一看

```
staff: {'name': '大田', 'age': 18, 'gender': 'male'}
workmate: {'name': '大田', 'age': 18, 'gender': 'male'}
employee的内存: 30275744
staff的内存: 30275744
workmate的内存: 30654352
workmate字典增加后employee: {'name': '大田', 'age': 18, 'gender': 'male'}
staff字典增加后employee: {'name': '大田', 'age': 18, 'gender': 'male', 'tel':
'023-63086527'}
```

温馨提示

1. 内存地址30275744和内存地址30654352这两串数字，并不是每个人运行上述代码都会得到同样的内存地址，如果你发现自己的和书上的不同，千万不用紧张，并不是错了。
2. 可以看到通过赋值和copy方法，表面上都可以复制字典。
3. 赋值出来的staff其实是employee的马甲，两者内存一致。copy方法出来的workmate就是employee的副本了。
4. 带来的结果是，workmate和employee是互相独立的地址，比如在练一练中我们看到，修改了workmate但是employee不会改变；staff和employee两者是关联的，修改了staff，employee会跟着改变。

（3）fromkeys

练习敲如下代码，并保存4_66.py。

练一练

```
# 使用fromkeys方法创建字典键
employee = dict.fromkeys(['name', 'gender', 'age'])



# 输出检查
print(employee)
```

 温馨提示

通过dict函数fromkeys方法创建字典。

创建字典后，由于只提供了键，那么这个字典会是怎样的呢？

看一看

```
{'name': None, 'gender': None, 'age': None}
```

 温馨提示

可见，使用fromkeys可以帮助我们创建一个值为None的字典。

（4）get

练习敲如下代码，并保存4_67.py。

练一练

```
# 键-值对列表
employee = {'name': '大田', 'age': 18, 'gender': 'male'}



# 键存在
# 直接输出字典employee的键name对应的值
print(employee['name'])
# 使用get方法，输出字典employee的键name对应的值
print(employee.get('name'))



# 键不存在
# 使用get方法，输出字典employee的键title对应的值
print(employee.get('title'))
# 直接输出字典employee的键code对应的值
print(employee['code'])
```

💡 **温馨提示**

练一练分别对键存在和不存在，来获取键对应的值。

输出结果会有什么不同呢？

看一看

```
大田
大田
None
Traceback (most recent call last):
  File "C:\Python\Project\ex4-63.py", line 16, in <module>
    print(employee['code'])
KeyError: 'code'
```

💡 **温馨提示**

1. 首先，如果字典中有该键，使用get方法和直接读取键的值，并没有什么不同。
2. 另外，如果字典中本身没有要查询的键，使用直接读取的方式就会报KeyError的错误。但是使用get方法，可以返回默认None值，这个默认值None，是可以修改的。

所以，get方法，可以提高程序处理的灵活性，比如用户输入的查询键不存在，也可以返回None或自定义。

在二级中对get方法的默认值有对应的考法 ，比如，我们进行了一场投票，现在需要统计每个人的得票数，就可以用到字典的get含默认值的方法：

练习敲如下代码，并保存4_68.py。

练一练

```python
# 比如，刚刚进行了一次投票，我们定义了一个列表，里面记录了唱票结果
ticket = ['大田', '答得喵', '睿一', '答得喵']
# 定义一个字典，来记录统计结果
count = {}
# 遍历每一票
for each in ticket:
    # 第一次统计到某个人的时候，他的票数，通过get方法的第二个参数，默认值设置为0，来初始化
值，然后进行+1（二级考试经常需要用到这个方法）
    count[each] = count.get(each, 0) + 1
# 便利字典count来输出统计结果。
for each in count:
    print(each + "\t得票数为: ", count[each])
```

Chapter
01

Chapter
02

Chapter
03

Chapter
04

Chapter
05

温馨提示

本代码段中，对count[each] = count.get(each, 0) + 1 语句的理解是核心，get方法的第二个参数默认值设定为0的意思是，如果这个键有对应的值，则获取对应的值，如果没有这个键，那么返回值为0。

看看程序运行的统计结果：

看一看

睿一	得票数为：	1
大田	得票数为：	1
答得喵	得票数为：	2

 温馨提示

我们可以看到，得票数已经被统计好了。

（5）items

练习敲如下代码，并保存4_69.py。

练一练

```python
# 键值对列表
employee = {'name': '大田', 'age': 18, 'gender': 'male'}


# 将employee的键值转换为字典视图
employee_list = employee.items()


# 输出字典视图
print(employee_list)


# 把字典视图转化为列表
print(list(employee_list))
```

 温馨提示

items翻译过来是条目，也就是字典视图，列出字典中的键-值对的意思。通过list还可以转化为列表。

看看转换效果。

看一看

```
dict_items([('name', '大田'), ('age', 18), ('gender', 'male')])
[('name', '大田'), ('age', 18), ('gender', 'male')]
```

 温馨提示

1. 第一行就是字典视图，包含了字典的键-值对。
2. 第二行，就是通过list函数转换出来的列表。

（6）keys

练习敲如下代码，并保存4_70.py。

练一练

```
# 键值对列表
employee = {'name': '大田', 'age': 18, 'gender': 'male'}


# 将employee的键值转换为只包含字典键的字典视图
employee_list = employee.keys()


# 输出字典视图
print(employee_list)


# 把字典视图转化为列表
print(list(employee_list))
```

 温馨提示

这段代码看起来确实和items方法差不多，实际上也是，只不过keys返回只有键的字典视图。

只有键的字典视图会是什么样子呢？

看一看

```
dict_keys(['name', 'age', 'gender'])
['name', 'age', 'gender']
```

（7）values

练习敲如下代码，并保存4_71.py。

练一练

```python
# 字典employee
employee = {'name': '大田', 'age': 18, 'gender': 'male'}


# 将employee转换为只包含值的字典视图
employee_list = employee.values()


# 输出字典视图
print(employee_list)


# 把字典视图转化为列表
print(list(employee_list))
```

看看值的字典视图。

看一看

```
dict_values(['大田', 18, 'male'])
['大田', 18, 'male']
```

（8）pop

练习敲如下代码，并保存4_72.py。

练一练

```python
# 键值对列表
employee = {'name': '大田', 'age': 18, 'gender': 'male'}


# 删除gender键-值对
employee.pop('gender')


# 输出检查
print(employee)
```

💡 **温馨提示**

pop方法可以获取与指定键相关联的值，并且把键-值对删除。

看看删除后的结果是什么？

看一看

```
{'age': 18, 'name': '大田'}
```

💡 **温馨提示**

gender键-值对就不见了。

（9）popitem

随机从字典中取出一个键值对，以元组(key, value)形式返回，同时将该键值对从字典中删除。
练习敲如下代码，并保存4_73.py。

练一练

```python
employee = {'name': '大田', 'age': 18, 'gender': 'male'}
print(employee.popitem())
print(employee)
```

💡 **温馨提示**

多次运行后会发现，每次删除的键值对经常是不同的，体现了随机性，此处的运行实验就交给你了。

（10）update

练习敲如下代码，并保存4_74.py。

练一练

```
# 键值对列表
employee = {'name': '大田', 'age': 18, 'gender': 'male'}


# 新的age
new_age = {'age': 28}


# 新的title
new_title = {'title': 'manager'}


# update新age
employee.update(new_age)
# 输出检查
print(employee)


# update新title
employee.update(new_title)
# 输出检查
print(employee)
```

 温馨提示

1. update可以用一个字典做参数，用其中的项来更新另一个字典。
2. 如果被更新的字典中，作为参数词典中的键，本例来说，employee和new age中都有age键，就可以用new age中的值更新employee中的age对应的值。
3. 如果被更新的字典中，没有作为参数词典中的键，本例来说，employee中没有new title中的title键，title键值就会被加入道employee字典中。

看看结果是否如预期。

看一看

```
{'name': '大田', 'age': 28, 'gender': 'male'}
{'name': '大田', 'age': 28, 'gender': 'male', 'title': 'manager'}
```

 温馨提示

我们可以看到，经过两轮更新，第一轮，age的值修改了，第二轮，增加了title键-值对。

4.3 数据类型的转换

数据类型之间可以互相转换，下面的转换方法，需要大家记一下。

记一记

表4-8

类	解释

int(x)	将x转换为一个整数
	典型用法：
	转换内容为整数的字符
	>>> int('3')
	3
	转换浮点数为整型，实际效果是取整，舍去小数部分。
	>>> int(3.14)
	3
	通过input函数获取的输入，获取的内容本身是文本，如果需要整型，那么需要int转换。[24]
	>>> int(input("请输入1-100的任意整数："))
	请输入1-100的任意整数：99
	99
	转换内容为浮点数字的字符串，需要先用float转换为浮点数
	>>> int(float('3.14'))
	3

float(x)	将x转换为浮点数
	典型用法：
	转换整型为浮点
	>>> float(3)
	3.0
	转换内容为整型的字符串为浮点数
	>>> float('3')
	3.0
	input函数输入的浮点数，本身是文本，如果需要浮点数，那么需要float转换
	>>> float(input('请输入π：'))
	请输入π：3.14
	3.14

bool(x)	将x转换为布尔值（True或False）
	只有参数留空或为0的情况，返回值为False
	>>> bool(0)
	False
	>>> bool()
	False
	其余情况，返回值都是True
	>>> bool(-3.14)
	True
	>>> bool(1)
	True
	>>> bool('1')
	True
	>>> bool('0')
	True

---

24 考点

类	解释

complex(x)	转化x为复数，x可以是字符串或数
	>>> complex(100,10)
	(100+10j)
	>>> complex("100+10j")
	(100+10j)
	>>> complex("100")
	(100+0j)
	>>> complex(100)
	(100+0j)

str(x)	转化x为文本
	>>> str(100+0j)
	'(100+0j)'
	>>> str(0)
	'0'
	数字和文本相连接，必须给数字套上str才可以，否则会出错[25]
	>>> age = 19
	>>> print('大田已经' + str(age) + "岁了！")
	大田已经19岁了！

set(s)	创建无序不重复的元素集
	把字符串转换为集合
	>>> set('1123')
	{'2', '3', '1'}
	把字典的键转换为集合
	>>> set({1:'a', 2:'b'})
	{1, 2}
	把列表转换为集合
	例题：
	一行代码删除列表[1,1,2,3]的重复值[26]
	>>> list(set([1,1,2,3]))
	[1, 2, 3]
	用set可以把原有列表的重复值删除，删除后，列表转换成了集合，用list类转换回列表

tuple(s)	把s转换成元组，主要有以下几种情况
	把列表转换为元组
	>>> tuple([1, 2, 3])
	(1, 2, 3)
	把集合转换为元组
	>>> tuple({1, 2, 3})
	(1, 2, 3)
	把字典的键转换为元组
	>>> tuple({1:'a', 2:'b'})
	(1, 2)
	把字符串转换为元组
	>>> tuple('123')
	('1', '2', '3')

25 考点
26 考点

类	解释

list(s)	可以把s转换为列表
	把字符串转换为列表
	>>> list('123')
	['1', '2', '3']
	把集合转换为列表
	>>> list({1, 2, 3})
	[1, 2, 3]
	把元组转换为列表
	>>> list((1, 2, 3))
	[1, 2, 3]
	把字段的键转换为列表
	>>> list({1:'a', 2:'b'})
	[1, 2]

dict(d)	构造字典
	转换键-值对
	>>> dict([('name', '大田'), ('age', 18), ('gender', 'male')])
	{'name': '大田', 'age': 18, 'gender': 'male'}
	实参的方式：
	>>> dict(name = '归尘', age = 18, gender = 'female')
	{'name': '归尘', 'age': 18, 'gender': 'female'}

💡 **温馨提示**

代码示范，>>>符号代表是在交互模式下执行代码，并显示运行结果。

4.4 计算机二级组合数据类型区分维度

上文提到过的，set/tuple/list/dict类型，都是组合类型，组合类型可以分成三类，序列类、集合类和映射类。

序列类就像tuple/list，以及和list类型的特性非常相似的str，集合类就像set，映射类就像dict。

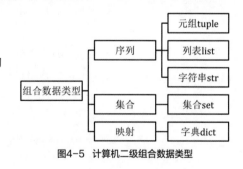

图4-5 计算机二级组合数据类型

4.5 判断题

1. Python的变量需要先定义后使用。
2. 字符串切片（区间访问方式），采用 [a:b] 格式，表示字符串中从a到b的索引子字符串（包含a和b）。

3. 如果做了变量赋值：x = 3.14，则print(type(x))的结果是<class 'complex'>。

4. 对于复数a，可以用a.imag 获得它的实数部分。

5. 对于复数a，可以用a.real获得它的实数部分。

6. 判断数据类型的函数是datatype()。

7. a = ['答得喵','睿一','dademiao']，a[3]返回 'dademiao'。

8. a = ['答得喵','睿一','dademiao']，a[−1]返回 'dademiao'。

9. 如果 b 不是 a 的元素，b not in a 返回True。

10. 如果 b 是 a 的元素，b not in a 返回True。

11. phonebook = {'大田':'110', '西西':'120', '东东':'130'}则print(phonebook['西西']) 能输出'120'。

12. under_ten = [0, 1, 2, 3, 4, 5, 6, 7, 8, 9]，print(under_ten[1:4:2]) 的结果是？

13. 定义了字典：phonebook = {'大田':'110', '西西':'120', '东东':'130'}，则语句print(d['西西'], d.get('西西', '110')的输出是：120 110。

14. 复数虚数部分通过后缀"L""l"来表示。

15. s = ["睿一", "答得喵", "白领伙伴", "甜彩", "答得猫", "smartone"] 则print(s[4:])的结果是["甜彩", "答得猫", "smartone"]。

16. x = 0o1011 则print(x)输出为521。

17. x=0b1011则print(x)输出为11。

18. x = 10; y = −9 + 2j; print(x + y)输出的结果(1+2j)。

19. 12_da是符合变量命名规则的变量。

20. 二进制类型是python的3个基本数字类型。

21. 浮点类型的小数部分不可以为0(×)。

22. print(complex(1.99))的结果是(1.99+0j)。

23. 列表的clear()方法的功能是：删除列表的最后一个元素。

24. 0和0.00具有相同的值。

25. a = [5,2,1,3,4]; print(sorted(a,reverse = True))的结果时[1,2,3,4,5]。

26. 字符串是单一字符的无序组合。

27. topic = "答得喵微软MTA考试中心",则表达式str.isnumeric()的结果是True。

28. 字典中的键可以对应多个值。

29. print(" love ".join(["Everyday","Dademiao","SmartOne"]))的结果是Everydaylove。Dademiaolove SmartOne。

30. keys方法可以获取只有值的字典视图。

31. strip可以去掉字符串左右的空格。

32. id()返回和参数变量内存地址相关的编号。

33. 利用组合数据类型可以将多个数据用一个类型来表示和处理。

34. 十二进制是整数类型之一。

35. 字典类型中的数据可以进行分片和合并操作(错误)。

36. print(float(complex(6+5j).imag))输出的结果是11.0（错误）。

37. 字典类型的键可以用的数据类型包括字符串，元组，以及列表。

38. 字典类型的值可以是任意数据类型的对象。

39. Python列表的长度不可变的。

答案以及解释请扫二维码查看。

手机扫一扫，
查看相关扩展内容

05
Chapter

运算符

运算符在程序代码中负责运算，会针对一个及以上的操作来进行运算。

学习时长：本章内容也是基础中的重点，虽然内容不多，建议还是需要仔细学习，约3小时左右。

要了解运算符，就要先了解表达式，计算新数据值的代码片段称为表达式，举个简单例子，2×3就是一个表达式（注意，程序中的乘号不能用×，而要用*），2和3被称为操作数，"×"称为运算符，运算结果由操作数和表达式共同决定。

运算符以及运算符优先级是重点考试内容。[1]

5.1 算术

记一记

表5-1

内容	解释
+	加法运算符 >>>100 + 100 200
−	减法运算符 >>>100 − 100 0
*	乘法运算符 >>>2 * 3 6
/	除法运算符，除法的结果是浮点数[2] >>>6 / 2 3.0
%	取模（除法求余数）运算符 >>>5 % 3 2
//	取整除（除法，商的整数部分）运算符 >>> 5 // 3 1
**	幂运算符 >>> 2 ** 3 8

 温馨提示

代码示范，>>>符号代表是在交互模式下执行代码，并显示运行结果

几个基本规则：[3]

● 整数和浮点数混合运算，结果是浮点数。

---

1 考点
2 考点
3 考点

- 整数之间运算的结果和运算符有关，除法的运算的结果为浮点数。
- 整数或浮点数与复数运算，结果是复数。

5.2 赋值

对变量进行赋值的代码被称为赋值语句。

记一记

表5-2

内容	解释

=	赋值运算符
	比如赋值常量
	>>> pi = 3.14
	>>> pi
	3.14
	比如赋值字符串
	>>> brand = '答得喵'
	>>> brand
	 '答得喵'
	比如赋值列表
	>>> underthree = [1, 2]
	>>> underthree
	 [1, 2]

+=	加法赋值运算符
	i+=a意思是：i = i + a
	常见用途，在循环中让变量自增
	>>> suma = 0
	>>> for i in range(1, 101):
	        suma += i
	>>> print(suma)
	5050

-=	减法赋值运算符 i-=a意思是：i = i - a
*=	乘法赋值运算符 i*=a意思是：i = i * a
/=	除法赋值运算符 i /=a意思是：i = i / a

%=	取模（除法求余数）赋值运算符
	i %=a意思是：i = i % a
	比如 5/3的余数是2
	>>> i = 5
	>>> i %= 3
	>>> i
	2

内容	解释
//=	取整除（除法商的整数部分）赋值运算符 i//=a意思是：i = i // a
**=	幂赋值运算符 i**=a意思是：i = i ** a

温馨提示

>>>是命令提示符，代表是在交互模式下执行代码，并显示运行结果。

5.3 比较

记一记

表5-3

内容	解释

==	比较是否相等
	>>> 1 == 1
	True
	>>> 2 == 1
	False
	（True是返回值，是"是"的意思，代表1==1是对的；False也是返回值，是"否"的意思，代表2 == 1是错的。）

!=	比较是否不相等
	>>> 1 != 1
	False
	>>> 2 != 1
	True

>	比较是否大于
	>>> 1 > 1
	False
	>>> 2> 1
	True

<	比较是否小于
	>>> 1 < 1
	False
	>>> 1 < 2
	True

>=	比较是否大于等于
	>>> 1 >= 1
	True
	>>> 1 >= 2
	False

内容	解释

<=	比较是否小于等于
	>>> 1 <= 1
	True
	>>> 2 <= 1
	False

温馨提示

1. 比较运算符返回的结果都是布尔值True或者False。
2. 这个非常重要，因为比较运算符经常用在条件/分支语句和循环语句中。

5.4 逻辑

记一记

表5-4

内容	解释

and	与运算，说白了，就是只有当and两侧的表达式都是对的，整个表达式的结果就是布尔值True，否则就是布尔值False。
	>>> 1 == 1 and 2 > 1
	True
	解释：前置知识点比较运算符，1当然等于1，而且2也大于1，两个表达式都是真的，所以返回结果为True。
	>>> 1 != 1 and 2 > 1
	False
	解释：前置知识点比较运算符，1不等于1肯定是错的，2大于1是对的，所以这两个表达式，并不都是对的，所以返回结果为False。
	>>> 1 != 1 and 2 == 1
	False
	解释：前置知识点比较运算符，1不等于1肯定是错的，2等于1，也是错的，所以两个表达式，都错了，所以返回结果为False。

or	或运算，说白了，就是 or两侧的表达式只要有一个是对的，整个表达式的结果就是布尔值True，否则就是布尔值False。
	>>> 1 == 1 or 2 > 1
	True
	解释：前置知识点比较运算符，1当然等于1，而且2也大于1，两个表达式都是真的，or只需要有一个表达式是对的，就可以返回True，所以此处毫无疑问，返回结果肯定是True。
	>>> 1 != 1 or 2 > 1
	True
	解释：前置知识点比较运算符，1不等于1肯定是错的，2大于1是对的，满足or只要有一个表达式是对的，就返回True的规则，所以返回True。
	>>> 1 != 1 or 2 == 1
	False
	解释：前置知识点比较运算符，1不等于1肯定是错的，2等于1，也是错的，两个表达式，都错了，不满足or返回True的条件，所以返回结果为False。

Chapter 01 Chapter 02 Chapter 03 Chapter 04 Chapter 05

内容	解释

not	非运算，说白了就是颠倒黑白，把True的变成False，把False变成True
	>>> not(1 == 1)
	False
	解释：表达式中1 == 1的部分结果当然是True，所以总体表达式的结果就是False，因为not就是用于颠倒黑白的。
	>>> not(1 != 1)
	True
	解释：表达式中1 != 1的部分结果当然是False，所以总体表达式的结果就是True，因为not就是用于颠倒黑白的。

 温馨提示

1. 逻辑运算符返回的结果都是布尔值True或者False。
2. 这个非常重要，因为逻辑运算符经常用在条件/分支语句和循环语句中。

5.5　身份

记一记

表5-5

内容	解释

is	判断两个变量是否引用同一个对象，也就是内存地址是否是同一处，如果是就返回True，否则返回False。
	所以用表达式来说，a is b 的意思就和id(a) == id(b) 等效。
	>>> a = b = 1
	>>> a is b
	True
	解释：a = b = 1，就是给变量a和b都赋值1的简单写法。有兴趣的同学，可以用id(a)以及id(b)来看看两者的内存地址，看看是否指向的是同一个内存地址。

is not	判断两个变量是否引用不同对象，也就是内存地址是否是不一样的，如果引用不同对象（也可以说内存地址不一样）就返回True，否则返回False。
	所以用表达式来说，a is not b 的意思就和id(a) != id(b) 等效。
	>>> a = b = 1
	>>> b = 2
	>>> a is not b
	True
	解释：虽然a = b = 1让a is b，但是由于我们第二次给变量b赋以新值b = 2，所以两者已经不同，所以结果为True。
	你可以不写b = 2那行，看看最后的结果是否会有变化。

 温馨提示

1. 身份运算符返回的结果都是布尔值True或者False。
2. 这个非常重要，因为身份运算符经常用在条件/分支语句和循环语句中。

5.6 成员

记一记

表5-6

内容	解释

in	判断元素是否在元组、集合、字典、列表里，如果在就返回True，否则返回False。
	>>> a = [1, 2, 3]
	>>> 1 in a
	True
	解释：首先我们将列表[1, 2, 3]赋值给变量a，然后判断1是否在列表a里面，一目了然，当然在，所以返回结果是True。
	特别提示：对于字典的判断，判断的依据是字典里的键，而非值。

not in	判断元素是否不在元组、集合、字典和列表中，如果不在就返回True，否则返回False。
	>>> a = [1, 2, 3]
	>>> 4 not in a
	True
	解释：首先我们将列表[1, 2, 3]赋值给变量a，然后判断4是否不在列表a里面，一目了然，当然不在，所以返回结果是True。
	特别提示：对于字典的判断，判断的依据是字典里的键，而非值。

温馨提示

1. 成员运算符返回的结果都是布尔值True或者False。
2. 这个非常重要，因为成员运算符经常用在条件/分支语句和循环语句中。

5.7 运算符优先级

记一记

表5-7 运算符优先级从高至低

内容	解释
()	括弧无疑是最优先考虑的。
**	算术运算符幂
±	用于表示是正数还是负数的符号
+、–、*、/	算术运算符
>、>=、<、<=	比较运算符
==、!=	比较运算符
=、%=、/=、//=、+=、–=、*=、**=	赋值运算符
is、is not	身份运算符

（续表）

内容	解释
in、not in	成员运算符
and、or、not	逻辑运算符

5.8 判断题

1. False != 0的结果是False。
2. a = 10; b = 20后

   a,b = a,a + b; print(a, b) 与 a = b;b = a + b; print(a, b)两者输出结果一样？
3. x **y，其中y必须是整数。
4. A = –A语句的作用是给A赋值A的负值。

答案以及解释请扫二维码查看。

手机扫一扫，
查看相关扩展内容

06

Chapter

条件和条件语句

写程序是为了解决在实际工作生活中遇到的问题。打个比方，你打算外出，是否真的外出是个选择，外出选择什么交通工具又是一种选择。做这些选择的时候，会与一些前提条件有关，比如钱足够且赶时间可以选择打车，比如不赶时间路途不远可以走路等。本章，我们将了解如何通过设置条件语句，来让计算机帮我们判断，在不同的情况下做出选择。

学习时长：本章开始学习程序控制结构的部分，学习时长建议5小时，必要时，需复习前面章节相关内容。

程序之所以能帮助人提升效率，有两点很重要。一是可以不厌其烦地重复做，我们在下一章将学到，另一个非常重要的功能，就是帮助我们根据不同的情况，做出决策乃至触发行动。本章的<u>条件和条件语句（二级也叫分支语句）</u>，就是实现让计算机替代我们在遇到分支的时候做出正确的操作。

6.1 IF/ELIF/ELSE

　　if/elif/else是分支语句，它的作用是根据判断条件选择程序执行路径。

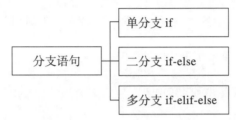

图6-1　分支语句的类型

　　只有if是单分支结构，if-else可以组合成二分支，if-elif-else可以组合成多分支。
　　分支语句的句式：

看一看

多分支结构

```
if condition_1（条件1）:
    statement_block_1（要执行的语句块1）
elif condition_2（条件2）:
    statement_block_2(要执行的语句块2)
else:（其他）
    statement_block_3（要执行的语句块3）
```

我们如果把上面的标准句式翻译一下，就很好理解了。
如果条件1是满足的，就按语句块1执行，如果没有满足条件1，但是满足条件2，那就按照语句块2执行，如果上面的情况都不符合，那么，执行语句块3。
注意：elif段可以有很多个，来满足多重条件的判断，标准句式可以扩展为，例如：

```
if condition_1（条件1）:
    statement_block_1（要执行的语句块1）
elif condition_2（条件2）:
    statement_block_2(要执行的语句块2)
elif condition_3（条件3）:
    statement_block_3(要执行的语句块3)
(……此处省略若干行……)
elif condition_n（条件n）:
    statement_block_n(要执行的语句块n)
```

```
else: （其他）
    statement_block_n+1（要执行的语句块n + 1）
```

单分支结构
```
if condition_1（条件1）:
    statement_block_1（要执行的语句块1）
```

这种写法，就只有一个条件1，如果条件1是满足的，就执行语句块1。
如果不满足呢？那就接着执行下面的语句。

二分支结构
如果对于一个条件判断，要有True和False两种不同的执行结果，可以简化为：
```
if condition_1（条件1）:
    statement_block_1（要执行的语句块1）
else: （其他）
    statement_block_2（要执行的语句块2）
```

如果条件1是满足的，就执行语句块1，否则执行语句块2。

💡 **温馨提示**

1. 以上是标准句式，并不是可以运行的代码。
2. 要特别注意，和if/elif/else配套的语句块，都应该缩进，可以参照代码规范部分的缩进内容。
3. statement_block代码块，里面可以有一条至多条语句，<u>代码块里也可以放分支或者循环语句，这就是嵌套。</u>

对于条件判断，都需要用到比较运算符，返回的结果是布尔值，比较运算符在运算符章节我们有介绍。

现在，我们用MTA考试的方式来练习：

首先我们来看看单分支是如何解决问题的。

答得喵景区提出的需求，想解决区内女性找厕所困难的问题，要做一个帮助女性同胞查询旅游区厕所所在位置的程序。

练习敲如下代码，并保存为6_1.py。

练一练

```python
# 询问用户是否是女性
sex = input("请问您是否是女性（回复y代表是，回复n代表否）: ")


# 如果是女性，则反馈厕所位置
if sex.lower() == 'y':
    print('您好，女厕所位置在2区201，大约100米。')


# 结束语
print('欢迎再次使用答得喵景区查询系统')
```

温馨提示

1. 第一句，通过input获取用户性别判断结果。
2. 第二句，重点sex.lower()，确保即便用户输入的是大写的Y或者N也可以准确判断，从而提升用户体验。sex.lower() == 'y'就是通过比较运算符，判断==两边是否相等，如果相等返回布尔值True，如果返回为True，则执行语句print('您好，女厕所位置在2区201，大约100米。')。
3. 第三句，结束语很简单，不多陈述。

看一看

请问您是否是女性（回复y代表是，回复n代表否）：y
您好，女厕所位置在2区201，大约100米。
欢迎再次使用答得喵景区查询系统

请问您是否是女性（回复y代表是，回复n代表否）：n
欢迎再次使用答得喵景区查询系统

 温馨提示

看一看中，我们执行了2次程序，第一次回答了y，第二次回答了n。

答得喵景区反馈，女性游客很开心，但是遭到男性游客投诉，景区希望你能修改系统，让系统既能查找男厕所，又能查找女厕所。

现在我们看看二分支能解决的问题。

练习敲如下代码，并保存为6_2.py。

练一练

```
# 询问用户性别
sex = input("请问您的性别（回复m代表男，回复f代表女）：")


# 如果是女性，则反馈女性厕所位置；如果是男性，则反馈男性厕所位置
if sex.lower() == 'f':
    print('您好，女厕所位置在2区201，大约100米。')
else:
    print('您好，男厕所位置在1区201，大约150米。')


# 结束语
print('欢迎再次使用答得喵景区查询系统')
```

为了确保程序可以正常运行，可做一些测试，来看看效果！

看一看

```
请问您的性别（回复m代表男，回复f代表女）: m
您好，男厕所位置在1区201，大约150米。
欢迎再次使用答得喵景区查询系统

请问您的性别（回复m代表男，回复f代表女）: f
您好，女厕所位置在2区201，大约100米。
欢迎再次使用答得喵景区查询系统

请问您的性别（回复m代表男，回复f代表女）: x
您好，男厕所位置在1区201，大约150米。
欢迎再次使用答得喵景区查询系统
```

这个案例说明，如果用户都能按程序规定进行输入，程序就不会有问题，但是若不遵守程序规定，那么就可能导致意料之外的结果，这也是我们需要解决的bug之一（编程里面有个黄金法则，永远不要相信用户的输入，所以需要做很多验证工作）。我们会发现，刚刚为了省事用的if/else，并不能完美应对所有情况，我们需要对用户的随意输入做个"容错"处理。

练习敲如下代码，并保存6_3.py。

练一练

```python
# 询问用户性别
sex = input("请问您的性别（回复m代表男，回复f代表女）: ")


# 如果是女性，则反馈女性厕所位置；如果是男性，则反馈男性厕所位置；如果是无效选择，要单独反馈
if sex.lower() == 'f':
    print('您好，女厕所位置在2区201，大约100米。')
elif sex.lower() == 'm'
    print('您好，男厕所位置在1区201，大约150米。')
else:
```

```
        print('输入有误，如果确实需要查询，请再运行一次')


# 结束语
print('欢迎再次使用答得喵景区查询系统')
```

 温馨提示

用了if/elif/else组合之后，很明显，我们就可以解决这个问题了。因为可以区别对待，如：输入男性、输入女性或输入错误。

看一看

请问您的性别（回复m代表男，回复f代表女）：m
您好，男厕所位置在1区201，大约150米。
欢迎再次使用答得喵景区查询系统

请问您的性别（回复m代表男，回复f代表女）：f
您好，女厕所位置在2区201，大约100米。
欢迎再次使用答得喵景区查询系统

请问您的性别（回复m代表男，回复f代表女）：x
输入有误，如果确实需要查询，请再运行一次
欢迎再次使用答得喵景区查询系统

 温馨提示

第一次，模拟用户输入m没问题。第二次，模拟用户输入f也没问题。第三次，手滑，输入了x，系统提示用户输入有误。

答得喵景区管理员看到了很开心，她说："最近园区新增了母婴专用卫生间，也想加入到系统，方便母婴用户查询，可以再修改一下么？"

练习敲如下代码，并保存6_4.py。

练一练

```
# 询问用户性别
sex = input("请问您的性别\n回复m代表男\n回复f代表女\n回复c代表母婴）：")


# 如果是女性，则反馈女性厕所位置；如果是男性，则反馈男性厕所位置；如果是母婴，则反馈母婴厕所；
如果是无效选择，要单独反馈
if sex.lower() == 'f':
```

```
elif sex.lower() == 'm':
    print('您好，男厕所位置在1区201，大约150米。')
elif sex.lower() == 'c':
    print('您好，母婴室位置在0区101，大约20米。')
else:
    print('输入有误，如果确实需要查询，请再运行一次')


# 结束语
print('欢迎再次使用答得喵景区查询系统')
```

 温馨提示

我们利用了elif可以嵌套多个的特点，来根据用户输入的不同情况，反馈不同的信息。

这段程序，我们就不运行了，你自己运行检查一下。

此时，答得喵景区管理员又来找你了，说是新增了残疾人厕所，便于残疾人使用，请你添加功能。

当然这种情况还可能会有很多，你现在能应对了吗？试一下吧！

6.2 嵌套和复合条件

什么是复合条件呢？比如说，男士65岁退休，女士55岁退休，就是很典型的复合条件。

为了满足这种复合条件，我们可以通过把条件语句嵌套到别的条件语句中实现。来看看标准语句范例：

看一看

```
if 表达式1：
    语句
    if 表达式2：
        语句
    elif 表达式3：
        语句
    else：
        语句
elif 表达式4：
    语句
else：
    语句
```

温馨提示

1. 这就是个标准语句范例，我们会看到一个if/elif/else组合嵌套到了另一个if/elif/else中。
2. 这里特别要注意缩进，我们会看到，第二层if整体缩进了一个Tab或4个空格。

我们再来看一种MTA认证考试的嵌套和复合条件案例。

答得喵航空需要你写个点餐程序，判断用户是否素食主义者，然后根据用户对主食（米饭/面条）的喜好，提供对应的飞机餐：

- 素食米饭：土豆丝盖饭
- 素食面条：阳春面
- 米饭：红烧肉盖饭
- 面条：牛肉拉面

练习敲如下代码，并保存6_5.py。

练一练

```python
# 询问乘客是否为素食者
veget = input("您是素食者么？（是=Y，否=N）:")


# 如果乘客是素食主义者
if veget.upper() == 'Y':
    # 询问乘客吃米饭还是面条
    kind = input("主食，您要米饭还是面条？（米饭=R，面条=N）")
    # 如果用户选择的是米饭
    if kind.upper() == 'R':
        print('稍等，我们将为您提供土豆丝盖饭。')
    # 如果用户选择的是面条
    elif kind.upper() == 'N':
        print('稍等，我们将为您提供阳春面。')
    # 如果用户选择主食时出错
    else:
        print('选择的类型可能有误，欢迎再次使用。')
# 如果乘客不是素食者
elif veget.upper() == 'N':
    # 询问乘客吃米饭还是面条
    kind = input("主食，您要米饭还是面条？（米饭=R，面条=N）")
    # 如果乘客选择米饭
    if kind.upper() == 'R':
        print('稍等，我们将为您提供红烧肉盖饭。')
    # 如果用户选择面条
    elif kind.upper() == 'N':
        print('稍等，我们将为您提供牛肉拉面。')
    # 如果用户选择主食时出错
    else:
```

```
            print('选择的类型可能有误，欢迎再次使用。')
# 如果用户选择是否素食时出错
else:
    print('没检测到可识别的回答，欢迎再次使用。')
```

温馨提示

1. 运行代码时，一般人遇到的常见问题有：在if语句中原本应该用比较运算符"=="的地方用了赋值运算符"="；在应该用半角"："的时候使用了全角的"："。其他问题见第二章的常见错误。
2. 我敲代码的时候，加了如此多注释，是为了便于大家理解代码，练习时可以忽略注释部分，但是一定要练，平时要养成注释的好习惯，待未来需要维护自己以前写的代码时，就一定会理解。

测试程序是否能够给出准确答案，自己可以运行测试一下。

看一看

```
您是素食者么？（是=Y，否=N）:y
主食，您要米饭还是面条？（米饭=R，面条=N）r
稍等，我们将为您提供土豆丝盖饭。

您是素食者么？（是=Y，否=N）:y
主食，您要米饭还是面条？（米饭=R，面条=N）n
稍等，我们将为您提供阳春面。

您是素食者么？（是=Y，否=N）:n
主食，您要米饭还是面条？（米饭=R，面条=N）r
稍等，我们将为您提供红烧肉盖饭。

您是素食者么？（是=Y，否=N）:n
主食，您要米饭还是面条？（米饭=R，面条=N）n
稍等，我们将为您提供牛肉拉面。
```

温馨提示

1. 用户的选择都符合系统预设的四种情况，你可以看到用户输入的都是小写，但是我们依然可以正确地反馈，原因在于用了字符串的upper方法。
2. 对于用户不按套路出牌的情况，你可以在自己运行的时候，进行一下尝试。

6.3 判断题

1. if可以向已经执行过的语句部分跳转。
2. if-elif-else 语句描述二分支结构。
3. elif 可以单独使用。
4. x = 10; y = 20

    num = x if x < y else y

则num的值是20

答案以及解释请扫二维码查看。

手机扫一扫，
查看相关扩展内容

07

Chapter

循环

让电脑帮我们做重复的事情，对电脑来说，就需要循环。本节，我们就来看看循环。

学习时长：这部分也是控制程序执行部分的基础内容，建议时长5小时，必要时，复习前面相关内容。

程序之所以能帮助人从繁重的工作中解脱出来，其中一个非常重要的原因就是程序能按照我们预先设定好的条件，重复地做一些事情。我们看看，如何把需要重复的工作交给计算机。

重复循环一般通过for和while语句实现。

7.1 FOR循环

for循环在二级中，又叫遍历循环。

标准句式结构：

看一看

```
for <variable>（变量） in <sequence>（序列中）：
    <statements1>（执行内容1）
```

我们如果把上面的标准句式用中文翻译一下，就很好理解了。

对于在序列<sequence>中的每一个元素<variable>，执行<statements1>。

温馨提示

1. 以上是标准句式，并不是可以运行的代码。
2. 要特别注意，和for配套的语句块<statements>，都应该缩进，可以参照代码规范部分的缩进内容。

7.1.1 遍历元组、集合、列表、字典的键

元组、集合、列表、字典可以从空到包含若干不同的元素。

现在，我们以MTA考试的方式来做个练习。

商标局的专员请你做个程序，供工作人员对现有的商标库进行查询，如果被查询的公司有商标，就直接打印输出该公司的所有商标，如果该公司没有商标，则返回结果该公司没有商标。

练习敲如下代码，并保存7_1.py。

练一练

```python
# 用3个列表模拟了三家公司的商标数据库，其实还可以用字典
so = ['答得喵', '睿一']
oo = ['睿毅', '白领伙伴', '答得猫']
xo = ['可口']


# 请用户输入要查询的公司
company = input('请输入要查询的公司（so/oo/xo）:')
```

```
# 根据用户输入，为name赋值对应的公司商标列表
# 如果用户输入的是so，则把so公司的商标列表赋值给name（以此类推）
# 如果用户输入的用户名，数据库中没有，把None赋值给name
if company.lower() == 'so':
    name = so
elif company.lower() == 'oo':
    name = oo
elif company.lower() == 'xo':
    name = xo
else:
    name = 'wrong'


# 输出用户查询公司的商标
# 用户输入的公司名存在时
if name != 'wrong':
    for item in name:
        print('该公司有品牌: ', item)
# 用户输入的公司名不存在时
else:
    print('公司名有误')
```

💡 **温馨提示**

1. 这个程序里，用到了很多前面章节学到的知识，相信通过注释就能理解。

2. 最后几行的就是本节的主角，对序列name中每一个元素item进行打印。

看一看

```
请输入要查询的公司（so/oo/xo）:so
该公司有品牌: 答得喵
该公司有品牌: 睿一

请输入要查询的公司（so/oo/xo）:oo
该公司有品牌: 睿毅
该公司有品牌: 白领伙伴
该公司有品牌: 答得猫

请输入要查询的公司（so/oo/xo）:XO
该公司有品牌: 可口

请输入要查询的公司（so/oo/xo）:FO
公司名有误
```

温馨提示

此处运行了四次，输入不同的内容，其中故意大写如XO，可以正常识别，故意输入没有的公司FO，识别为错误公司命令，测试通过。

7.1.2 range

除了遍历之外，还有一种常见的循环，for in range组合，给定循环执行的次数。

练习敲如下代码，并保存7_2.py。

练一练

```
for i in range(5):
    print(i)
```

温馨提示

1. 这是第1种，range里面只有1个数字。
2. Range(5)的效果相当于[0, 1, 2, 3, 4]。
3. 这段代码的意思，相当于，执行5次，i分别等于0，1，2，3，4。

看看运行效果

看一看

```
0
1
2
3
4
```

温馨提示

输出的结果就是把i按次序打印输出了一遍。

练习敲如下代码，并保存7_3.py。

练一练

```
for i in range(1, 5):
    print(i)
```

这是第2种，range里面有2个数字。第一个是起点，第二个是终点+1。为什么这么说呢？因为range(1, 5)就相当于[1, 2, 3, 4]。

看看运行结果：

看一看

```
1
2
3
4
```

 温馨提示

输出结果，就是把范围内的 i 依次输出打印了一遍。

练习敲如下代码，并保存7_4.py。

练一练

```
for i in range(1, 5, 2):
    print(i)
```

 温馨提示

这是第3种，range里面有3个数字。第一个是起点，第二个是终点+1，第三个是步长。第三个如果不写的时候，步长就为默认值1。本例来说，就是步长为2，所以range(1, 5, 2)就相当于[1, 3]。

看看代码运行效果：

看一看

```
1
3
```

温馨提示

输出结果，就是把范围内的 i 按照步长递增依次输出打印了一遍。

让我们用MTA的考试方式来举个例子。

有个小学数学老师找你，探讨了高斯从1加到100，最终结果5050的故事。这位老师希望你帮忙写个程序，可以指定计算从1加到任意指定整数值的总和，用于课堂教学使用。

练习敲如下代码，并保存7_5.py。

练一练

```python
# 请小朋友决定要计算到多少，用变量ending来保存
ending = int(input('请输入你要计算的终点：'))


# 定义变量total来计算最终结果
total = 0


# 让循环从1到用户指定的数字
for i in range(1, ending + 1):
    total += i


# 输出最终结果
print('结果是：', total)
```

 温馨提示

在for循环中的语句，total += i算式的应用，可以完成使用total变量来统计1一直依次加到ending的结果。

尝试运行一下程序：

看一看

```
请输入你要计算的终点：100
结果是：  5050

请输入你要计算的终点：10000
结果是：  50005000
```

 温馨提示

大家可以计算并验证一下。

7.2 WHILE循环

while循环在二级中又叫无限循环。
while标准句式：

看一看

```
while condition（条件）:
    statement(语句块)
```

我们如果把上面的标准句式翻译一下，就很好理解了。
当condition（条件）表达式的值为True的时候，执行statement（语句块），执行完之后，再判断一次

 温馨提示

1. 很明显while的好处就在于，对于不确定次数的循环最为适用。
2. 在while后的condition(条件)与if语句里的条件是一个类型，这个条件是个表达式，有True/False两种可能的结果。

练习敲如下代码，并保存7_6.py。

练一练

```python
# 此练一练计算从1加到100之和
# count用于计数
# total用于来存放和
count = 1
total = 0


# 当count <= 100的时候运行下面的语句
while count <= 100:
    total += count
    count += 1


# 输出结果
print('1 到 100 之和为 %d' % total)
```

 温馨提示

1. while语句下方，有缩进的语句块，就是循环中要执行的部分。
2. count会从1数到100的原因就在于语句count += 1，也就是每循环一次，让count自增1。
3. 而total在每次循环中，就做一次total = total + count的动作，来实现计算从1一直加到100的和的统计。

那么这段程序是否能够跟数学家高斯运算的一样快呢？运行一下。

温馨提示

我们可以看到，结果和数学家高斯算得一样。据说，现在很多计算机教育比较发达的地区，有些学生碰到了类似的数学问题，都是说，等一下，让我编个程序来解决。

有一点一定要注意，例如练一练中的案例，如果我们不写count += 1会有什么结果呢？第一count的值永远就是初始赋值的1；第二，就是无法实现退出循环的条件，也就是无论程序运行多少次，count都是<=100的，这就会导致死循环。

建议你可以注释掉count += 1这条语句，并且运行尝试一下。你会发现，等了许久，程序都没有输出任何结果，就像死机了一样。

如果程序一直运行（有可能是死循环，也有可能是计算量确实太大），该怎么办呢？可以按下组合键Ctrl + C，我们会发现系统提示：

看一看

```
Traceback (most recent call last):
  File "C:\Python\Project\7_6.py", line 10, in <module>
    total += count
KeyboardInterrupt
```

温馨提示

KeyboardInterrupt就是键盘中止。

程序通过快捷键组合，可以实现手动终止的功能。

7.3 BREAK

在运行循环的时候，总是会碰到特殊情况，令人想提前终止循环，或者终止当次循环跳到下一次循环，或者暂时没有想好这里该怎样处理，需要语句占个位。我们该如何解决呢？

让我们用MTA考试的方式，来看一个案例，比如，我们以前经常会玩的猜大小的游戏，如果猜大了就提示大了，如果猜小了，就提示小了，直到猜对为止，系统会显示猜的次数和答案，用程序怎么实现呢？

练习敲如下代码，并保存7_7.py。

练一练

```
# 设定count统计猜了多少次
count = 0
# 设定答案的数字
answer = 5
```

```
# 出题
print("现在我们开始猜数字的游戏(0-10)：")


# 开始猜
while True: # 创建一个无限循环
    count += 1
    guess = int(input("这是第%d次，请输入你的答案：" % count))
    if guess < answer:
        print('小了')
    elif guess > answer:
        print('大了')
    else:
        print('这是你猜的第%d次，你猜对了，答案就是%d' % (count, guess))
        break
```

💡 **温馨提示**

1. 循环条件处True，就是无限循环，也就是循环会永远持续下去，进入死循环。除非你能答对，触发了break。
2. 循环体里，当我们的guess和answer相等，也就是答对的时候，除了print结果之外，还有个break，就是退出整个循环的意思。

你可以尝试一下，如果你没有给出正确答案，也没有用键盘中止，那么程序会"无限"循环下去，只要你答对了，程序就中止了。这就是break的作用。

运行程序进行测试：

看一看

```
现在我们开始猜数字的游戏(0-10)：
这是第1次，请输入你的答案：3
小了
这是第2次，请输入你的答案：4
小了
这是第3次，请输入你的答案：7
大了
这是第4次，请输入你的答案：8
大了
这是第5次，请输入你的答案：5
这是你猜的第5次，你猜对了，答案就是5
```

💡 **温馨提示**

1. 实际操作中，每当我们输入错误的答案，系统就会判断并反馈，究竟是大了还是小了，然后继续。
2. 只要我们输入了正确的答案，系统就会反馈结果并退出。

7.4 CONTINUE

当程序执行到continue，就会马上跳到循环开始处，重新对循环条件求值，也就是结束了当次的循环，执行下一次循环。

让我们用MTA考试的方式，大家就明白了。比如知名的团建活动打7，一堆人报数，个位数为7或数字为7的倍数就要跳过，否则就算失败，看团队最长能报到多少，如果用程序计算20以内打7的结果，该怎么做？

练习敲如下代码，并保存7_8.py。

练一练

```python
# 在1到20范围内打7，可以通过调整range里面的参数，来调整范围
for count in range(1, 21):
    # 如果是7的倍数，退出当次循环，进行下一次循环
    if count % 7 == 0:
        continue
    # 如果个位数是7，退出当次循环，进行下一次循环
    if count % 10 == 7:
        continue
    print('报数%d' % count)
```

 温馨提示

逢7或7的倍数，都不执行报数，当发现有这种数据的时候用continue跳过。

那么下次再玩这个游戏的时候，是否可以用程序而立不败之地呢？

看一看

```
报数1
报数2
报数3
报数4
报数5
报数6
报数8
报数9
报数10
报数11
报数12
报数13
报数15
报数16
报数18
```

报数19
报数20

 温馨提示

20以内7的倍数或者结尾为7的有7、14、17，我们可以看到报表结果里面已经剔除了这些数据。

7.5 PASS

　　让我们把上一个练一练中所有的continue换成pass，再运行一次。你就会发现，和从1数到20没有区别，所以pass也就是不做任何处理的意思，纯粹为了程序的完整性，一般作占位用，比如以后有需要处理的内容可以再加。

　　有一点需要特别注意，千万不要被本书练一练中for循环和while循环与break、continue、pass的搭配所禁锢，实际上break、continue、pass均可以和for循环以及while循环搭配。

7.6 ELSE

　　在上一节所学的break可以帮助我们，在循环中达成某个条件的时候跳出循环，比如我们玩的猜数字小游戏，在猜对之后，就中止循环。

　　可是有时，我们的游戏规则会改成，1个人只有5次机会，如果没有猜对，那么就返回到失败的结果；如果在5次以内猜对了，那就返回成功的结果，该怎么做？

　　练习敲如下代码，并保存7_9.py。

练一练

```
# 设定count统计猜了多少次
count = 0
# 设定答案的数字
answer = 5


# 出题
print("现在我们开始猜数字的游戏(0-10): ")


# 开始猜
for i in range(5):
    count += 1
```

```
        guess = int(input("这是第%d次，请输入你的答案： " % count))
        if guess < answer:
            print('小了')
        elif guess > answer:
            print('大了')
        else:
            print('这是你猜的第%d次，你猜对了，答案就是%d' % (count, guess))
            break
    else:
        print('5次限额已到，很遗憾没有猜对')
```

温馨提示

1. 是的，除了if语句之外，for循环以及while循环也可以配else。
2. 如果程序执行到了break，那么就不执行else，反之，就执行。

语句功效如何呢？

我们模拟五次以内没猜对：

看一看

```
现在我们开始猜数字的游戏(0-10)：
这是第1次，请输入你的答案： 1
小了
这是第2次，请输入你的答案： 2
小了
这是第3次，请输入你的答案： 3
小了
这是第4次，请输入你的答案： 4
小了
这是第5次，请输入你的答案： 6
大了
5次限额已到，没有猜对
```

温馨提示

截止循环完结，都没有触发break语句，就执行了else语句部分。

我们模拟五次以内猜对了：

看一看

```
现在我们开始猜数字的游戏(0-10)：
这是第1次，请输入你的答案： 1
```

小了
这是第2次，请输入你的答案：9
大了
这是第3次，请输入你的答案：2
小了
这是第4次，请输入你的答案：7
大了
这是第5次，请输入你的答案：5
这是你猜的第5次，你猜对了，答案就是5

温馨提示

五次以内猜对了，触发了break，就没有执行else。

总结：我们在循环中，如果在碰到特殊需求时，需要用break来终止，就可以配套else来指定，如果循环没能触发break，正常完成后，应该怎么做。

7.7 判断题

1. continue只有能力跳出所在层次的循环。
2. break只有能力跳出所在层次的循环。
3. plus = lambda x, y: x + y ,plus的类型是整型。
4. print(list(range(5)))输出的结果是:[0, 1, 2, 3, 4]。
5. 遍历循环对循环的次数是不确定的。
6. for/while与else搭配使用，else部分仅循环正常结束后执行。

答案以及解释请扫二维码查看。

手机扫一扫，
查看相关扩展内容

08

Chapter

函数

在编程的时候，"偷懒"并不完全是贬义词，把重复需要用到的代码，封装成函数，可以增强代码的可维护性。

学习时长：函数功能非常重要，建议学习9小时。

有人说，懒人是推动社会进步的始作俑者，因为他们总能想一些办法，来让自己少干一些，再少干一些。函数，就是这类产物。

8.1　什么是函数

学术点来说：<u>函数就是组织好的，可重复使用的，用来实现单一，或相关联功能的代码段</u>。特别提示：Python与某些别的语言的不同点在于，它的函数不是必须有返回值。

从上述描述中，我们会发现可重复使用特别重要。这个特点有两个好处：

1. 简化工作，比如说：我们写了一段代码，在多个程序中，都要使用这段代码，此时，我们就可以把这段代码封装成函数，然后直接在不同的程序中调用就可以。

2. 易于维护，比如说：当我们在测试或者使用程序的过程中，发现函数中的代码有问题，通过维护函数部分的代码，所有调用这个函数的程序，都会被修正。当然，很明显这是双刃剑，试想万一把函数写错了，且各处调用，且这个程序还上了生产环境……

8.2　内建函数的使用

为了帮助我们编程Python已经帮我们准备好了很多内置的函数，具体包括哪些呢？

如何在Python中查找到这些内建函数？

练习敲如下代码，并保存8_1.py。

练一练

```
# 遍历所有内建常量与函数
for i in dir(__builtins__):
    print(i)
```

💡 **温馨提示**

内建函数的英文是built-in function，所以builtins指的是内建。

我们将看到不止内建函数还有内建常数。

看一看

```
ArithmeticError
AssertionError
```

```
AttributeError
............
__spec__
abs
all
any
ascii
bin
bool
bytearray
bytes
callable
chr
classmethod
compile
complex
copyright
credits
delattr
dict
dir
divmod
enumerate
eval
exec
exit
filter
float
format
frozenset
getattr
globals
hasattr
hash
help
hex
id
input
int
isinstance
issubclass
iter
len
license
list
locals
```

```
map
max
memoryview
min
next
object
oct
open
ord
pow
print
property
quit
range
repr
reversed
round
set
setattr
slice
sorted
staticmethod
str
sum
super
tuple
type
vars
zip
```

温馨提示

从abs开始向下，都是内建函数。

8.2.1 查询内建函数的使用方法

知道了这些内建函数，我们该如何使用这些函数呢？

我们以查询abs函数为例，来看看如何查询内建函数的使用方法：

练习在互动模式下练习

练一练

```
>>> help(abs)
```

温馨提示

help是用来在Python解释器里查询帮助的函数，在括号里面的参数，就是我们需要被帮助的内容，本例练一练，就是查询abs的帮助。

究竟我们会得到怎样的帮助呢？

看一看

```
Help on built-in function abs in module builtins:

abs(x, /)
    Return the absolute value of the argument.
```

温馨提示

1. 解释第一句的意思，对于内建函数abs的帮助。
2. 解释第二句的意思，abs只有一个参数，此处以x替代。
3. 解释第三句的意思，返回参数的绝对值。

8.2.2 内建函数举例

其实，在过往的练一练代码里，我们已经接触过很多函数，比如int把输入的整数型文本转化成整数，input获取用户输入的数据，print向打印屏幕输出数据。

那么究竟这些内建函数有什么功能呢？可以扫描二维码，对每个函数，都有个简单的描述。

手机扫一扫，
查看相关扩展内容

8.2.3 常用数值运算函数[1]

记一记

表8-1

内容	解释
abs(x)	x的绝对值

divmod(x, y)	(x // y, x % y)，输出为元组形式
	例如：
	>>> x = 10
	>>> y = 3
	>>> print(divmod(x, y))
	(3, 1)

---

1 考点

内容	解释
power(x, y)	X ** y
power(x, y, z)	(X ** y) % z
round(x)	对x四舍五入到整数
round(x, y)	对x四舍五入，保留y位小数
max(x1, x2, …, xn)	求x1, x2, …, xn中得最大值
min(x1, x2, …, xn)	求x1, x2, …, xn中得最小值

 温馨提示

以上就是内建函数中负责数值运算的函数，考试中出现的频率也比较高。

8.2.4 字符串处理函数[2]

记一记

表8-2

内容	解释

len(x)	求字符串x长度或组合数据类型x的元素个数（比如：元素个数）
	>>> len('答得喵')
	3
	>>> len([1, 2, 3])
	3

str(x)	返回任意类型x所对应的字符串形式
	>>> str(1 + 2)
	'3'
	>>> str(100)
	'100'

chr(x)	返回Unicode编码x对应的单字符 >>> chr(31572) '答'
ord(x)	返回字符x表示的Unicode编码 >>> ord('答') 31572
hex(x)	返回整数x对应的十六进制小写形式字符串 >>> hex(100) '0x64'
oct(x)	返回整数x对应的八进制小写形式字符串 >>> oct(100) '0o144'

2　考点

8.2.5 逻辑运算函数[3]

记一记

表8-3

内容	解释
all(x)	参数x是可迭代对象（比如：列表、元组等），所有对象都是True或者这个迭代对象为空，返回True，否则返回False。
any(x)	参数x是可迭代对象（比如：列表、元组等），只要有一个对象是True就返回True，否则返回False。迭代对象为空，也返回False。

温馨提示
以上就是内建函数中负责对可迭代对象逻辑运算的函数。

8.3 自定义函数

对自己写的代码，若发现这段代码经常要被使用到，我们也可以把这段代码封装成函数。这样通过使用函数，程序的编写、阅读、测试和修复都将变得容易起来。[4]

自定义函数的使用分为四个步骤：

图8-1 自定义函数使用四步

8.3.1 如何自定义函数

练习敲如下代码，并保存8_3.py。

练一练

```python
def say_hi():
    print('Hello World!')
```

---

3 考点
4 考点

```
say_hi()
```

 温馨提示

1. 这个案例显示了最基础的函数结构。关键字def告诉Python要定义函数了，这个函数名是say_hi，在括号里是完成任务需要的信息，也就是参数，本练一练来说，不需要任何参数也可以完成。
2. 本函数需要完成的工作就是print语句，也就是屏幕输出"Hello World!"。
3. 使用函数，直接输入函数名、括号和参数，对本练一练来说，没有任何参数，所以直接输入say_hi()即可。

　　也许一些读者会想，一行print就可以解决的事情，为啥要用三行代码来解决，千万不要较真，此处我们是为了讲解函数，才这么做的。

8.3.2 给函数写文档

　　使用内置函数的时候，我们可以通过help(x)的方式查询内置函数的帮助文档，那么自己写函数时，是否也可以写一些帮助文档呢？当然是可以的。
　　练习敲如下代码，保存8_4.py。

练一练

```
def say_hi():
    """功能，向屏幕输出Hello World! """
    print('Hello World!')


help(say_hi)
```

 温馨提示

1. 增加了一行"""功能，向屏幕输出Hello World! """，这段从格式上来说，是一个长注释，Python认为他们是函数的文档。
2. 在代码的最后，我们增加了用help函数显示我们自定义函数say_hi的文档。

　　运行会有什么效果呢？

看一看

```
Help on function say_hi in module __main__:

say_hi()
功能，向屏幕输出Hello World!
```

1. 第一行，就是说，say_hi函数的帮助。
2. 第二行，函数自身say_hi()。
3. 第三行，我们刚才通过特殊的注释增加的函数文档内容。

8.4 函数参数

函数通过参数，可以针对不同的情况，来实现不同的效果，现在让我们来看看参数的用途。
练习敲如下代码，并保存8_5.py。

练一练

```
def say_hi(nickname):
    """功能，向nickname问好！"""
    print('Hello ' + nickname + '!')


name = input('您的姓名是?：')
say_hi(name)
```

温馨提示

1. 我们看到，同样定义了一个say_hi函数，但是多了一个nickname的参数，这个参数作为被打印输出的一部分。
2. 在函数外部，通过变量name获取用户输入的姓名，然后通过say_hi调用函数，并把变量name作为参数传递到函数里。
3. 就这样say_hi变得灵活起来，可以针对不同的用户进行专属问候，可运行试一下。

参数与参数传递是非常重要工作，我们需要了解一下关于函数的一些知识。

8.4.1 实参和形参

什么是实参，什么是形参呢？

通过上一个练一练了解到，定义函数时，我们给了一个参数nickname，这个就是形参，是函数完成工作所需的一项信息。

在调用函数的时候，在say_hi中我们加入的参数name就是实参，实参是调用函数时，提供给函数的信息。

Chapter 08 函数

- 169 -

8.4.2 传递参数

函数当中可能包含0至多个参数，向函数传递参数，可以使用位置关系来传递参数，这要求实参与形参的顺序相同；也可以使用关键字传递参数(也叫参数名称传递)，由形参与实参的常量或者变量名所组成。

1. 位置参数

练习敲如下代码，并保存为8_6.py。

练一练

```python
def student(name, subject, score):
    """打印学生的成绩"""
    print(name + '的' + subject + '成绩是' + score)



# 位置参数
student('大田', 'Excel', '1000')
student('Excel', '大田', '1000')
```

 温馨提示

1. 我们可以看到，student函数被调用了2次。
2. 两次调用函数的位置次序是不一样的。

位置次序不同，会导致什么结果呢?

看一看

```
大田的Excel成绩是1000
Excel的大田成绩是1000
```

温馨提示

我们可以看到，参数的位置顺序和最终输出的结果直接相关。第二种传递参数的位置，故意把科目放在第一位，名字放在第二位，导致最终输出的内容不对了。

所以通过位置传递参数，位置顺序相当重要，如果传递错了，那么结果也就错了。

2. 关键字参数（二级称参数名称传递）

关键字实参是形参与常量/变量组成的键值对。直接把形参和常量或者变量关联起来，这样让我们可以无需考虑参数位置顺序，还可以清楚地指明每个参数的用途。

练习敲如下代码，并保存为8_7.py。

练一练

```python
def student(name, subject, score):
    """打印学生的成绩"""
    print(name + '的' + subject + '成绩是' + score)


first_name = '答得喵'
course = 'PPT'
record = '1000'


# 形参-常量对
student(subject='Excel', score='1000', name='大田')
# 形参-变量对
student(name=first_name, subject=course, score=record)
```

 温馨提示

1. 程序中定义了三个变量：first_name、course、record。
2. student函数被调用了两次，第一次的关键字参数，是形参-常量对的方式，顺序并没有按照形参的顺序；第二次的关键字参数，是形参-变量对的方式，顺序按照形参的顺序。

如此调用，结果会有什么不同呢？

看一看

```
大田的Excel成绩是1000
答得喵的PPT成绩是1000
```

温馨提示

我们可以看到，无论是形参-常量对还是形参-变量对，无论顺序正确与否，函数都能输出正确的结果。

8.4.3 参数默认值

在定义函数的时候，我们可以给形参定义默认值，这样在传递参数时，如果没有对应的形参，Python将会使用默认值。

比如我们会发现很多app，在注册时都有性别这个必填项，若不勾选则默认为女性。这是如何实现的呢？我们看看通过函数默认值实现的方法。

练一练

```python
def student(name, gender = '女', age):
    """打印学员基本信息"""
    print('学生姓名: ' + name + '\n性别: ' + gender + '\n年龄:' + age)



# 输出第一个学员
student(name='大田', gender='男', age='18')
# 输出第二个学员
student(name='归尘', gender='18')
```

 温馨提示

1. 形参性别gender = '女', 性别设定了默认值 "女"。
2. 输出第一个学员的时候, gender = '男', 也就是向函数传递了一个常量的实参。
3. 输出第二个学员的时候, 没有向参数gender传递值。

这样的传递方式, 会产生怎样的结果呢?

看一看

```
SyntaxError: non-default argument follows default argument
```

温馨提示

会有语法错误提示, 没有默认值的参数在有默认值的参数后。对于本练一练来说, 形参: name, gender = '女', age, 形参age没有默认值但位置在有默认值的gender参数后面。

这个错误告诉我们什么呢?

注意: 使用默认值的情况下, 在形参列表中, 必须先列没有默认值的形参, 再列出有默认值的形参。

修改一下代码:

练习修改代码, 保存为8_9.py。

练一练

```python
def student(name, age, gender='女'):
    """打印学员基本信息"""
    print('学生姓名: ' + name + '\n性别: ' + gender + '\n年龄:' + age)



# 输出第一个学员
student(name='大田', gender='男', age='18')
# 输出第二个学员
student('归尘', '18')
```

1. 改变第一点：形参列表中，先是没有默认值的形参，然后才是有默认值的形参。
2. 改变第二点：第二次调用student的时候使用位置参数的方式，没有传递gender参数。

现在再运行一次，我们可以看一下效果：

看一看

> 学生姓名：大田
> 性别：男
> 年龄：18
> 学生姓名：归尘
> 性别：女
> 年龄：18

温馨提示

1. 第一位学员，由于传递了gender参数，所以性别为男。
2. 我们可以看到第二位学员，没有传递gender参数，就采用了默认值，性别为女。

8.4.4 可选参数

有些时候，我们需要让参数变成可选的，这样使用这个函数的时候，只在必要的时候才提供可选参数。

比如说：在古代，我们会有名，供长辈呼唤，后来会取字，供朋友呼唤，再后来会有号，作为尊称。比如：诸葛亮，名：亮，字：孔明，号：卧龙先生。

除了名之外，字和号未必每个人都有，所以字和号很符合可选参数的意思。

让我们用MTA认证考试的方式来看个例子，我们需要打印三国时期的学生档案。

练习敲如下代码，并保存为8_10.py。

练一练

```
def student(last_name, first_name, style_name='', pseudonym=''):
    """打印一个人的姓last_name，名first_name，字style_name，号psedudonym"""
    if style_name:
        if pseudonym:
            print('学生姓' + last_name + ',名' + first_name + ',字' + style_
name + ',号' + pseudonym)
        else:
            print('学生姓' + last_name + ',名' + first_name + ',字' + style_
name)
    elif pseudonym:
```

```
            print('学生姓' + last_name + ',名' + first_name + ',号' + pseudonym)
        else:
            print('学生姓' + last_name + ',名' + first_name)


# 姓名字号齐全
student('诸葛', '亮', '孔明', '卧龙')
# 姓名字
student('曹', '操', '孟德')
# 姓名号
student('庞', '统', pseudonym='凤雏')
# 姓名
student('大', '田')
```

 温馨提示

1. 姓名是每个人都有的,所以函数首先定义了这两个形参last_name, first_name。
2. 字和号是可选的,因此在函数定义最后两个列出了这两个形参,并设定默认值为空字符串。
3. 函数体的条件语中,Python会将非空字符串解读为True,通过这一特性,使用分支语句拼出所需的程序。

运行结果是否如预期呢?

看一看

```
学生姓诸葛,名亮,字孔明,号卧龙
学生姓曹,名操,字孟德
学生姓庞,名统,号凤雏
学生姓大,名田
```

温馨提示

姓名大家都有,字和号则根据实际情况,是可选项。

8.4.5 任意多的参数

如果一个函数需要用多个不同的参数来运行,除了频繁调用参数之外,还有个方法就是,直接使用任意多参数,此处具体说两种,分别是列表参数法,和任意数量的实参。

1. 列表参数

将列表作为参数传递给函数,会大幅提升效率。比如,在招生的开始,我们并不知道要向多少学生发出欢迎词,当有了姓名列表之后,我们就可以批量打印了。

练习敲如下代码,并保存为8_11.py。

练一练

```
def greeting(names):
    """欢迎同学加入班级"""
    for n in names:
        print('答得喵学院欢迎你！' + n)


classmate = ['大田']
greeting(classmate)
print('------华丽的分割线------')
classmate = ['大田', '归尘', '桔子']
greeting(classmate)
```

 温馨提示

变量classmate被赋值两次，一次为一个元素的列表，一次为三个元素的列表。

看看效果如何:

看一看

```
答得喵学院欢迎你！大田
------华丽的分割线------
答得喵学院欢迎你！大田
答得喵学院欢迎你！归尘
答得喵学院欢迎你！桔子
```

 温馨提示

我们可以看到，无论是1个列表元素还是3个列表元素，我们都可以得到正确的结果。

2. 任意数量的实参

在使用任意数量的实参时，我们首先要定义一个形参，这种形参的样式为*arguments。

练一练

```
def greeting(*names):
    """欢迎同学加入班级"""
    for n in names:
        print('答得喵学院欢迎你！' + n)


greeting('大田')
print('------华丽的分割线------')
greeting('大田', '归尘', '桔子')
```

Python为形参*names创建了一个名为names的空元组，并将收到的所有值，都装到这个元组里面。

看看这样做的效果。

看一看

> 答得喵学院欢迎你！大田
> ------华丽的分割线------
> 答得喵学院欢迎你！大田
> 答得喵学院欢迎你！归尘
> 答得喵学院欢迎你！桔子

无论是只有1个值还是有3个值都可以成功。

（1）结合使用位置实参和任意数量的实参

如果要让函数同时接受位置实参和任意数量的实参，就必须在定义函数的时候，把接受任意数量的实参形参放在最后。Python会先匹配位置实参，再将余下的实参放到最后一个形参中。

练习敲如下代码，并保存为8_13.py。

练一练

```
def salary(base, bonus, *names):
    """打印工资条"""
    for n in names:
        print(n + "的基本工资是: " + str(base) + "\t奖金是: " + str(bonus))


salary(1000, 500, '大田', '归尘')
```

温馨提示

在调用salary函数的时候，我们可以看到，实参数量大于形参，实际上实参'大田', '归尘'都会被当作任意数量的实参。

（2）使用任意数量的关键字实参

上一小节的练一练中，任意数量的实参很明确都是姓名，那么当我们不知道程序会传递什么信息的时候，可以考虑通过键值对的方式来做，应用键值对的形参，样式也会比较特别为**argument，对比上一小节，多了个*号。

比如注册App或者网站的时候，我们或需要勾选兴趣领域，或明确自己的性别，或者不愿意透露这些信息。此时，如何输出用户信息呢？

练习敲如下代码，并保存为8_14.py。

练一练

```python
def user_file(name, **info):
    """根据用户提供内容，返回用户信息"""
    user_file = {}
    user_file['name'] = name
    for key, value in info.items():
        user_file[key] = value
    return user_file


print(user_file('大田', gender='男', interest='互联网'))
print(user_file('CC', interest='艺术'))
```

 温馨提示

1. 定义了接受键值对的形参**info。
2. 调用函数时，有提供了2个键值对的情况，也有只提供了1个键值对的情况，不管多少个键值对，都能正确处理。
3. 在函数内，我们创建了一个空字典userfile，用于存储用户注册信息。

看看效果。

看一看

```
{'name': '大田', 'gender': '男', 'interest': '互联网'}
{'name': 'CC', 'interest': '艺术'}
```

 温馨提示

字典内就是用户的注册信息。

8.5 函数返回值

函数并不是总像我们前面看到的那样，只会执行操作和打印输出，它还可以返回结果。这个函数返回的结果，叫作返回值。比如：我们使用内建函数len('dademiao')就会返回一个整型数值8，代表'dademiao'有8个字符，这个整型数值8就是返回值。

在自定义函数里，我们使用return语句将值返回给调用函数的变量。

练习敲如下代码，并保存为8_15.py。

练一练

```python
def addition(a, b):
    """加法返回 a 与 b的和"""
    return a + b



total = addition(1, 1)
print(total)
```

 温馨提示

变量total保存了函数addition的返回值，并且被输出到屏幕。

结果是2，我想大家都应该知道了，操作非常简单，大家可以尝试运行一下。

除了返回单个值，还可以返回多个值，以元组的形式返回。

练习敲如下代码，并保存为8_16.py。

练一练

```python
def addition(a, b):
    """加法返回 a 与 b的和"""
    return a, b, a + b


total = addition(1, 1)
print(total)
```

Chapter 06
Chapter 07
Chapter 08
Chapter 09
Chapter 10

温馨提示

变量total保存了函数addition的返回值，并且被输出到屏幕，结果的样子是：(1, 1, 2)，大家可以尝试运行一下。

对没有return语句的，其实也有返回值，只不过返回值是None。

Python中有个值None，它表示没有值。实际上，对于没有return语句的函数定义，Python会默认返回None，比如内置函数print，我们来看一看：

看一看

```python
>>> sample = print('Hello')
>>> print(sample)
None
```

 温馨提示

变量sample的值就是None，原因是print函数没有返回值，只会返回None。

8.6　变量作用域

变量这个概念，我们在变量章节中讲过。在函数中，我们需要根据变量作用域的不同来讨论局部变量和全局变量。

8.6.1　局部变量和全局变量

练习敲如下代码，并保存为8_17.py。

练一练

```python
def pie():
    """圆周率常量"""
    pi = 3.14


pi = 'P'
pie()
print(pi)
```

温馨提示

这段程序中变量pi出现两次，分别被赋值数值3.14和字符串P。

在程序主体中，对变量pi赋值字符串P，然后调用函数pie，在函数内对pi进行了3.14的赋值，最后通过打印语句输出变量pi，结果会是哪个呢？

看一看

```
P
```

温馨提示

很明显，函数内的变量赋值并没有影响到最终结果[5]。

函数内定义的变量，作用区域只在函数内，这就是局部变量。而函数外定义的变量就是全局变量了。局部变量不能在全局作用域内使用。另外，在不同的函数局部作用域内，不能使用其他局部作用域的变量。这个特性，也使得我们可以在不同的局部作用域内变量可以同名，虽然不推荐这么做。

5　考点

8.6.2　函数内访问全局变量

那么函数内是否能够访问全局变量呢？

练习敲如下代码，并保存为8_18.py。

练一练

```
def pie():
    """输出圆周率常量"""
    pi = 3.14
    print(pine + str(pi))



pine = '圆周率='
pie()
```

温馨提示

函数内，我们调用了全局变量pine。

这种调用是否会成功呢？

看一看

```
圆周率=3.14
```

温馨提示

可见，在函数内可以访问全局变量的值[6]。

提醒一下，函数内可以访问全局变量，但是这种方式容易引发bug，请谨慎使用。另外，如果希望在函数中修改全局变量中存储的值，则必须使用global关键字[7]。

8.6.3　函数内修改全局变量

在函数内如果需要修改全局变量，则必须先用关键字global进行声明。

练习敲如下代码，并保存为8_19.py。

练一练

```
x = 1
```

6　考点
7　考点

```
def change():
    """修改全局变量x"""
    global x
    x += 1


change()
print(x)
```

 温馨提示

1. 我们首先定义了全局变量x = 1。
2. 然后在函数内通过关键字global来调用全局变量x，并自增1。

是否能够成功修改全局变量呢？

看一看

2

 温馨提示

试一下就知道，结果是函数可以修改全局变量。

如何区分一个变量是局部还是全局呢？

- 在所有函数之外使用的变量，肯定是全局变量。
- 在函数中，有针对变量的global语句，这类变量是全局变量。
- 没有针对变量的global语句，且在函数中进行赋值的变量，是局部变量。

8.7 匿名函数

匿名函数顾名思义，不想用def来命名函数。此时通过关键字lambda来创建一个没有函数名，但具有函数功能的表达式。PEP 8更加推荐用def定义函数，而不是用匿名函数。考虑到二级考试中会碰到，还是要介绍一下其特点：

- 只有1行，不是代码块，只能拥有有限的逻辑。
- 不能访问自己参数列表外的全局变量。

标准的句式是：lambda arg1,arg2,..., argn:expression

arg1 代表参数1，argn代表参数n，expression代表表达式。

练习敲如下代码，并保存为8_20.py。

练一练

```
addition = lambda a, b: a + b


print(addition(1, 1))
```

 温馨提示

1. 匿名函数有a和b两个参数，要做的计算是a + b。
2. 这个函数被赋值给变量addition。

最终的结果是什么呢？

看一看

2

 温馨提示

执行了匿名函数里的加法运算，结果是2

8.8 判断题

1. 保留字del的功能是定义函数。
2. 使用函数的主要目的是减低编程难度和代码重用。
3. 局部变量指在函数内部使用的变量，当函数退出时，变量依然存在，下次函数调用可以继续使用。
4. plus = lambda x,y:x+y 执行后，plus的类型为整型。
5. x = 3.1415926则round(x,2)和round(x)的结果都是3.14。
6. x,y = 10,3; print(divmod(x,y))的输出是(3,1)使用函数必须提供参数。
7. *arguments传入函数时存储的类型是tuple。
8. 函数定义的局部变量在函数运算结束后，不会被释放。
9. 函数的作用是为了提升代码执行速度。
10. 函数调用时，实参默认按照位置顺序的方式传递给函数。
11. all([1, True, 3])的结果是False。
12. 函数在使用前必须先定义好使用函数只是为了便于代码复用。
13. 函数内没有return则返回值为None。

答案以及解释请扫二维码查看。

手机扫一扫，
查看相关扩展内容

09

Chapter

模块

模块就像可以直接使用的工具，有系统自带的，有第三方做好的，即便没有现成的，如果需要使用，也可以根据自己的需求自己做，完成后，甚至可以分享给别人使用。

学习时长：本节有些难度，建议花10小时进行学习。

Python语言标准安装包提供了一组标准库的模块，这些模块对我们来说是一种可以直接拿来用的工具。当然，我们也可以自定义需要使用的模块。

9.1 什么是模块？

究竟什么是模块呢？模块简单来说，就是我们用脚本模式编写Python程序保存下来的结尾为.py的文件，这些文件就是模块，这些模块可以被其他脚本或者交互式解释器引用。

模块有什么作用呢？模块里面有很多名称，其中一种名称就是函数，在函数的章节，我们知道函数可以和主程序进行分离，通过给函数命名，可以让主程序更加容易理解，所以我们通常会把一些写好的函数，存储在这些模块中，再将模块导入到主程序来重复利用我们写好的函数。

下面我们来看一个例子，你可以在交互式下一起操作一下。使用math模块下面的函数：

看一看

```
>>> import math
>>> math.ceil(2.8)
3
>>> math.floor(2.8)
2
```

💡 **温馨提示**

1. 交互模式下，我们导入math模块，分别使用了math模块下的ceil（向上取整函数）和floor（下舍取整函数）。
2. 对于2.8向上取整，结果就是3，下舍取整，结果就是2。

这是非常简单的模块导入案例。

9.2 模块保存在哪里？

可以被导入的模块都保存在哪里呢？请用交互式运行一下，看看自己的电脑显示结果是什么。

查看模块所在位置：

看一看

```
>>> import sys
>>> sys.path
['', 'C:\\Python\\Program\\Lib\\idlelib', 'C:\\Python\\Program\\python36.zip',
'C:\\
```

```
Python\\Program\\DLLs', 'C:\\Python\\Program\\lib', 'C:\\Python\\Program',
'C:\\Python\\Program\\lib\\site-packages']
```

接下来，我们看看如何使用自己写得模块。

怎么把模块所在的目录增加到sys.path下呢？比如说，在C:\Python\Project\MyModule下，有一个my_module_1.py的模块。

这个模块的内容是什么呢？你可以自行完成一个模块来进行测试。自定义模块练习，敲如下代码并保存为my_module_1.py。

练一练

```python
def say_hi():
    """演示导入模块"""
    print('这是我们自定义的模块')
```

让我们在解释器下进行尝试。

请自行在交互式下尝试，要根据你自己想添加的目录来操作。

看一看

```
>>> import my_module_1
Traceback (most recent call last):
  File "<pyshell#0>", line 1, in <module>
    import my_module_1
ModuleNotFoundError: No module named 'my_module_1'
>>> import sys
>>> sys.path.append('C:\Python\Project\MyModule')
>>> import my_module_1
>>> my_module_1.say_hi()
这是我们自定义的模块
>>>
```

温馨提示

1. 第一次直接进行模块导入import my_module_1，我们会收到解释器返回的Module Not Found Error错误，这个提示很简单，就是模块没有被找到。

2. 第二次，我们先导入标准模块sys，然后再sys.path里面增加my_module_1所在的目录。sys.path.append('C:\Python\Project\MyModule')，提示：这个目录会依据你设置的目录不同而不同，比如：若你并不会选择在C盘创建目录。增加了目录之后，再导入的时候，就会导入成功，不再有错误提示了。

3. 接着我们通过调用模块下的say_hi函数，就打印出了"这是我们自定义的模块"的这句话。

上面我们呈现的第一种导入自定义模块的方法，是把模块所在目录增加到sys.path。但是特别提醒：sys.path.append仅仅对当前的Python环境有用，若退出Python环境，自己添加的路径就会自动消失。如果希望长期增加，可以通过设置环境变量的方式增加路径，具体方法可以自行搜索。

另外，我们还可以把自定义的模块py文件放到Python sys.path已经有的目录中，只要放到任何一个目录下都可以。推荐目录：site_packages是最佳选择，因为它就是用来放模块的。当然管理起来需要额外费心一些，比如某天若是要重装电脑，一定要记得备份自己写的模块，不然……你懂的。

当然还有别的做法，我们会发现在sys.path的列表中，看到第一个是空字符串。

请自行在交互式下尝试：

看一看

```
>>> sys.path
['', 'C:\\Python\\Program\\Lib\\idlelib', 'C:\\Python\\Program\\python36.zip',
'C:\\Python\\Program\\DLLs', 'C:\\Python\\Program\\lib', 'C:\\Python\\Program',
'C:\\Python\\Program\\lib\\site-packages']
```

温馨提示

列表第一个"空字符串代表的是当前目录。

所以第三种做法就是把模块和要调用模块的脚本放在同一个目录下运行。当然，条条大路通罗马，一定还有别的方法，大家可以去搜索发掘一下。

9.3 模块导入（引用）的几种方法

在一个Python程序脚本或者交互模式中使用别的已有的模块，这个过程叫做引用（二级叫法）或导入（MTA叫法），导入模块的方法有几种，是考核的重要内容。

9.3.1 import

当解释器读到程序中有import语句的时候，Python就会依次在sys.path下所有路径找寻你要导入的模块。

请自行在交互式下尝试：

看一看

```
>>> import math
>>> math.ceil(2.8)
3
>>> math.floor(2.8)
2
```

温馨提示

1. 使用import方法导入模块后，要用模块名称来访问名称，比如：math.ceil(2.8)、math.floor(2.8)。
2. ceil和floor均是math下的函数。

9.3.2 from…import

这个语句可以直接把模块中的指定名称导入到当前命名空间中，还是以math下的ceil和floor函数举例。

请自行在交互式下尝试：

看一看

```
>>> from math import ceil, floor
>>> ceil(2.8)
3
>>> floor(2.8)
2
>>> dir(math)
Traceback (most recent call last):
  File "<pyshell#3>", line 1, in <module>
    dir(math)
NameError: name 'math' is not defined
>>> import math
>>> dir(math)
['__doc__', '__loader__', '__name__', '__package__', '__spec__', 'acos',
'acosh', 'asin', 'asinh', 'atan', 'atan2', 'atanh', 'ceil', 'copysign', 'cos',
'cosh', 'degrees', 'e', 'erf', 'erfc', 'exp', 'expm1', 'fabs', 'factorial',
'floor', 'fmod', 'frexp', 'fsum', 'gamma', 'gcd', 'hypot', 'inf', 'isclose',
'isfinite', 'isinf', 'isnan', 'ldexp', 'lgamma', 'log', 'log10', 'log1p',
'log2', 'modf', 'nan', 'pi', 'pow', 'radians', 'sin', 'sinh', 'sqrt', 'tan',
'tanh', 'tau', 'trunc']
>>>
```

Chapter 09 模块

温馨提示

1. <u>from math import ceil, floor</u>这种方式只会把模块math下ceil和floor导入进来，而不是把整个模块math导入进来，所以用dir(math)查看math下所有名称时会报错，而使用<u>import math</u>就可以显示出模块下的所有名称。
2. <u>from math import ceil, floor这种方式导入后，使用ceil和floor函数时，直接输入函数名即可。</u>

9.3.3　from…import *

from…import *，*号就是通配符，可以一次性导入模块中所有的名称，<u>这种方式和import + 模块用得较少，因为要避免不同的模块中可能有相同名称的情况。</u>

9.3.4　import…as/from…import…as

我们可以给导入的名称起个别名，这样应用起来更加方便，比如可以给math起个别名m，再比如math.floor起个别名f。此时，就会用到<u>import…as/from…import…as</u>。

看一看

```
>>> import math as m
>>> m.ceil(2.8)
3
>>> from math import floor as f
>>> f(2.8)
2
```

 温馨提示

1. 第一次，我们导入模块math，并给math起了个别名m，调用math模块下的名称时，用m就替代了math。
2. 第二次，我们导入模块math中的函数floor，并给math.floor起了个别名f，需要用到math.floor时使用f就可以了。

这种方式可以大大降低后续使用导入项目的代码量，可以根据自己的需求来决定是否使用。

9.4　模块详解

模块是非常重要的设计，可以让我们减少很多重复性工作，而且让共享通用代码变得如此容易。

9.4.1　模块的执行特点

从什么是模块的讨论中，我们已经知道模块和一般脚本无异。脚本除了可以放一些函数之外，模块自身也可能会有一些可执行的代码。当一个模块本身包含可执行代码的时候，或这个模块第一次被导入时，这些代码会被执行，用来初始化这个模块。

既然模块自身就有可执行的脚本，如何区分到底是直接执行其本身还是导入它并进行初始化，其实可以通过执行不同的代码来区分，这就引出了模块的__name__属性。

练习敲如下代码，并保存为9_2.py。

练一练

```
if __name__ == '__main__':
    print('直接运行模块本身')
else:
    print('我被调用啦')
```

 温馨提示

1. 我们建立了一个自定义模块9_2.py，代码如练一练所示，如果直接运行9_2.py，那么__name__ == '__main__'的结果就是True，就会执行print('直接运行模块本身')。
2. 如果是被调用，那么__name__ == '__main__'的结果就是False，就会执行print('我被调用啦')。

看看直接执行的结果：

看一看

```
Python 3.6.5 (v3.6.5:f59c0932b4, Mar 28 2018, 16:07:46) [MSC v.1900 32 bit
(Intel)] on win32
Type "copyright", "credits" or "license()" for more information.
>>>
============== RESTART: C:\Python\Project\第九章\9_2.py ==============
直接运行模块本身
```

 温馨提示

直接调用的结果就是屏幕输出"直接运行模块本身"。

看看被导入模块的结果：

看一看

```
>>> sys.path.append('C:\Python\Project\第九章')

>>> import 9_2

我被调用啦
```

现在我们知道模块既可以自己运行也可以作为被导入的部分，而且两种方式可以分别执行不同的代码。

9.4.2 模块的查询

我们怎么知道模块包括哪些东西？一个是可以使用函数dir，在9.3.2中我们曾经简单介绍过。另一个是可以使用函数help。现在我们再展示一下，此处以查询math模块为例。

请自行在交互模式下运行：

看一看

```
>>> import math
>>> dir(math)
['__doc__', '__loader__', '__name__', '__package__', '__spec__', 'acos',
'acosh', 'asin', 'asinh', 'atan', 'atan2', 'atanh', 'ceil', 'copysign', 'cos',
'cosh', 'degrees', 'e', 'erf', 'erfc', 'exp', 'expm1', 'fabs', 'factorial',
'floor', 'fmod', 'frexp', 'fsum', 'gamma', 'gcd', 'hypot', 'inf', 'isclose',
'isfinite', 'isinf', 'isnan', 'ldexp', 'lgamma', 'log', 'log10', 'log1p',
'log2', 'modf', 'nan', 'pi', 'pow', 'radians', 'sin', 'sinh', 'sqrt', 'tan',
'tanh', 'tau', 'trunc']
>>> help(math)
Help on built-in module math:

NAME
    math

DESCRIPTION
    This module is always available.  It provides access to the
    mathematical functions defined by the C standard.

FUNCTIONS
    acos(...)
        acos(x)


        Return the arc cosine (measured in radians) of x.


    acosh(...)
        acosh(x)


        Return the inverse hyperbolic cosine of x.
```

```
asin(...)
    asin(x)

    Return the arc sine (measured in radians) of x.

asinh(...)
    asinh(x)

    Return the inverse hyperbolic sine of x.

atan(...)
    atan(x)

    Return the arc tangent (measured in radians) of x.

atan2(...)
    atan2(y, x)

    Return the arc tangent (measured in radians) of y/x.
    Unlike atan(y/x), the signs of both x and y are considered.

atanh(...)
    atanh(x)

    Return the inverse hyperbolic tangent of x.

ceil(...)
    ceil(x)

    Return the ceiling of x as an Integral.
    This is the smallest integer >= x.

copysign(...)
    copysign(x, y)

    Return a float with the magnitude (absolute value) of x but the sign
    of y. On platforms that support signed zeros, copysign(1.0, -0.0)
    returns -1.0.

cos(...)
    cos(x)

    Return the cosine of x (measured in radians).

cosh(...)
    cosh(x)
```

```
            Return the hyperbolic cosine of x.

    degrees(...)
        degrees(x)

        Convert angle x from radians to degrees.

    erf(...)
        erf(x)

        Error function at x.

    erfc(...)
        erfc(x)

        Complementary error function at x.

    exp(...)
        exp(x)

        Return e raised to the power of x.

    expm1(...)
        expm1(x)

        Return exp(x)-1.
        This function avoids the loss of precision involved in the direct
evaluation of exp(x)-1 for small x.

    fabs(...)
        fabs(x)

        Return the absolute value of the float x.

    factorial(...)
        factorial(x) -> Integral

        Find x!. Raise a ValueError if x is negative or non-integral.

    floor(...)
        floor(x)

        Return the floor of x as an Integral.
        This is the largest integer <= x.
```

```
fmod(...)
    fmod(x, y)

    Return fmod(x, y), according to platform C.  x % y may differ.

frexp(...)
    frexp(x)

    Return the mantissa and exponent of x, as pair (m, e).
    m is a float and e is an int, such that x = m * 2.**e.
    If x is 0, m and e are both 0.  Else 0.5 <= abs(m) < 1.0.

fsum(...)
    fsum(iterable)

    Return an accurate floating point sum of values in the iterable.
    Assumes IEEE-754 floating point arithmetic.

gamma(...)
    gamma(x)

    Gamma function at x.

gcd(...)
    gcd(x, y) -> int
    greatest common divisor of x and y

hypot(...)
    hypot(x, y)

    Return the Euclidean distance, sqrt(x*x + y*y).

isclose(...)
    isclose(a, b, *, rel_tol=1e-09, abs_tol=0.0) -> bool

    Determine whether two floating point numbers are close in value.

        rel_tol
            maximum difference for being considered "close", relative to the
            magnitude of the input values
         abs_tol
            maximum difference for being considered "close", regardless of
the
            magnitude of the input values

    Return True if a is close in value to b, and False otherwise.
```

For the values to be considered close, the difference between them
must be smaller than at least one of the tolerances.

-inf, inf and NaN behave similarly to the IEEE 754 Standard. That
is, NaN is not close to anything, even itself. inf and -inf are
only close to themselves.

isfinite(...)
    isfinite(x) -> bool

    Return True if x is neither an infinity nor a NaN, and False otherwise.

isinf(...)
    isinf(x) -> bool

    Return True if x is a positive or negative infinity, and False
otherwise.

isnan(...)
    isnan(x) -> bool

    Return True if x is a NaN (not a number), and False otherwise.

ldexp(...)
    ldexp(x, i)

    Return x * (2**i).

lgamma(...)
    lgamma(x)

    Natural logarithm of absolute value of Gamma function at x.

log(...)
    log(x[, base])

    Return the logarithm of x to the given base.
    If the base not specified, returns the natural logarithm (base e) of x.

log10(...)
    log10(x)

    Return the base 10 logarithm of x.

log1p(...)
    log1p(x)

Return the natural logarithm of 1+x (base e).
The result is computed in a way which is accurate for x near zero.

log2(...)
    log2(x)

    Return the base 2 logarithm of x.

modf(...)
    modf(x)

    Return the fractional and integer parts of x. Both results carry the sign
    of x and are floats.

pow(...)
    pow(x, y)

    Return x**y (x to the power of y).

radians(...)
    radians(x)

    Convert angle x from degrees to radians.

sin(...)
    sin(x)

    Return the sine of x (measured in radians).

sinh(...)
    sinh(x)

    Return the hyperbolic sine of x.

sqrt(...)
    sqrt(x)

    Return the square root of x.

tan(...)
    tan(x)

    Return the tangent of x (measured in radians).

tanh(...)
    tanh(x)

```
        Return the hyperbolic tangent of x.

    trunc(...)
        trunc(x:Real) -> Integral

        Truncates x to the nearest Integral toward 0. Uses the __trunc__ magic
method.

DATA
    e = 2.718281828459045
    inf = inf
    nan = nan
    pi = 3.141592653589793
    tau = 6.283185307179586

FILE
    (built-in)
```

温馨提示

1. 首先我们使用了dir函数来查询math模块下有哪些可以用的名称。
2. 其次，我们使用了函数help来查询math模块下的详细帮助信息。

9.5 包

包不是MTA或者二级的考试内容，但是挺有用，尤其在管理大型工程的时候。

为了编组模块，可以将模块们进行打包。包也可以发挥和模块一样的作用，比如一个模块的名称可以是A.B，表示的是包A中的模块B。

我们知道模块存储在扩展名为.py的文件中，而包就是一个目录。但是目录之所以能够称之为包，原因在于目录里面必须包含一个构造模块__init__.py(init两侧为双下划线)。

看一看

```
package/                                顶层的包
        __init__.py                     初始化package包
        sub_pack_01/                    子包
                    __init__.py         初始化sub_pack_01
                    module_01.py        module_01.py
                    ......              ......
                    module_04.py        module_04.py
```

```
        sub_pack_02/                    子包
                __init__.py            初始化
                module_05.py           module_05.py
                ......                  ......
                module_08.py           module_08.py
```

 温馨提示

上面给出了一个典型的包的结构。

有了上面的结构之后，下面的导入模块语句需要特别留意，不同的写法功能会有所不同。在导入前，要特别记得，要么已经把包放在sys.path下，或者把包所在的目录加入到环境变量Path下。

记一记

表9-1

内容	解释
import package	导入package包，可以使用初始化__init__.py的内容，但是不能使用其他子包的内容
import package.sub_pack_01	导入子包sub_pack_01，可以使用子包sub_pack_01下的初始化__init__.py的内容，但不能使用子包下的其他内容
import package.sub_pack_01.module_01	导入包package.sub_pack_01里的特定模块module_01 使用时，必须使用全名，如： package.sub_pack_01.module_01.demo1()
from package.sub_pack_01 import module_01	导入包package.sub_pack_01里的特定模块module_01 使用时，只需要使用模块名＋名称，如： module_01.demo1()

 温馨提示

以上列举了常见的导入包的语句写法，需要理解。

使用初始化模块__init__.py的内容究竟指什么呢？我们来看看__init__.py内容的一个案例。

看一看

```
PI = 3.14
```

 温馨提示

1. 本例在初始化模块中定义了一个常量PI = 3.14。
2. 当package包被导入后，你就会发现有个名称是package.PI，它的值是3.14。

9.6 标准库

Python有非常丰富的标准库，安装了Python之后，这些库就可以开始使用了。如果要把所有库的各项功能都写一遍，本书再增加一倍的厚度都不够。我们知道，在导入了模块之后，可以使用dir或者help，来详细了解我们想要用的模块，所以此处只挑了一些考纲中频繁使用的模块，并就考点进行简要描述。

9.6.1 math

模块math下的一些实用函数，下表会使用一些交互式来实践，在操作之前需要导入math模块。

记一记

表9-2　记一下math模块的常见知识点

函数/变量	解释
fmod	类似于取模（除法求余数）运算符 >>> math.fmod(5, 2) 1.0 5除以2余数是1
floor	向下取整 >>> math.floor(2.8) 2 小于2.8的最大整数就是2，所以结果就是2
ceil	向上取整 >>> math.ceil(2.8) 3 大于2.8的最小整数是3，所以结果就是3
frexp	输入一个参数x，返回一对尾数m和指数e，x = m * 2. ** e >>> math.frexp(2.8) (0.7, 2) 2.8 = 0.7 * 2. ** 2
fabs	返回绝对值 >>> math.fabs(-1.111) 1.111
sqrt	求平方根 >>> math.sqrt(9) 3.0
pow	求x的y次方 >>> math.pow(2, 3) 8.0
pi	常量pi >>> math.pi 3.141592653589793

9.6.2 time

时间是程序里非常重要的数据，Python有很多方式处理时间，模块time有很多功能，获取当前时间、操作时间、从字符串中提取日期、将日期格式转化为字符串等。

时间的表达有两种形式，一种是时间戳，用以秒为单位的浮点小数来表达，也就是我们所用的计算机基本都是以1970年1月1日0时为起点，用从起点过去的秒数来表示时间。

查询电脑系统当前的时间戳：

看一看

```
>>> import time
>>> print(time.time())
1530930505.599494
```

 温馨提示

1530930505.599494这个结果就是当下的时间戳，在练习的时候，显示的结果一定与这个不同。

时间戳特别适合用于日期运算，但是1970年之前的日期无法表示，而且太遥远的日期也不行。

还有一种方法就是用元组来表示日期，例如：(2018, 8, 1, 0, 0, 0, 2, 213, 0)，解释一下，它表达的是2018年8月1日，0点0分0秒，周三，2018的第213天，不是夏令时。

记一记

表9-3

元组序号	解释
0	tm_year 4位数的年，如：2018
1	tm_mon 1-12代表月份，如：8
2	tm_mday 1-31代表日，如：1
3	tm_hour 0-23代表小时，如：0
4	tm_min 0-59代表分钟，如：0
5	tm_sec 0-61代表秒，如：0（60或61是闰秒）
6	tm_wday 0到6代表星期，（0是周一）
7	tm_yday 1到366代表1年中第几日
8	tm_isdst夏令时（1夏令时，0不是夏令时，-1未知）

 温馨提示

表中记录了9组数据各自代表的意义。

比如说我要获取我写书当下的时间，该怎么用呢？

看一看

```
>>> import time
>>> print('本地时间为:', time.localtime(time.time()))
本地时间为: time.struct_time(tm_year=2018, tm_mon=7, tm_mday=7, tm_hour=10, tm_
min=51, tm_sec=25, tm_wday=5, tm_yday=188, tm_isdst=0)
```

 温馨提示

练习的时候，会与这个结果不同，显示的是你运行程序时，当前的日期时间的元组表达方式。

模块time下的一些实用函数，下表会使用一些交互式来实践，在操作之前需要导入time模块。

记一记

表9-4

内容	解释
time()	获取当前时间戳 >>> print(time.time()) 1530930505.599494
asctime(tuple)	将时间元组转化为字符串 >>> print(time.asctime((2018, 8, 1, 0, 0, 0, 2, 213, 0))) Wed Aug 1 00:00:00 2018
localtime(secs)	将时间戳转化为当地日期时间的元组 >>> print(time.localtime(time.time())) time.struct_time(tm_year=2018, tm_mon=7, tm_mday=7, tm_hour=14, tm_min=51, tm_sec=13, tm_wday=5, tm_yday=188, tm_isdst=0)
mktime(tuple)	将时间元组转化为当地时间戳 >>> print(time.mktime((2018, 8, 1, 0, 0, 0, 2, 213, 0))) 1533052800.0
sleep(secs)	休眠secs秒，停止了10秒 >>> time.sleep(10)
strftime（fmt, tuple）	格式化时间元组成字符串，输出的内容是由格式化符包含的内容来决定，此处 '%Y %B %d'就是年月（简写）日，具体数据，会从提供的日期时间元组里面提取 >>> print(time.strftime('%Y %B %d', (2018, 8, 1, 0, 0, 0, 2, 213, 0))) 2018 August 01
strptime(str, fmt)	把时间字符串解析为时间元组，案例中 '1 Aug 2018'分别是日月（简写）年，'%d %b %Y'分别是日月年的格式化符号，特别注意其中一边的顺序是日月年，则另一边也必须保持一致，否则会出现does not match（不匹配）的错误。 >>> print(time.strptime('1 Aug 2018', '%d %b %Y')) time.struct_time(tm_year=2018, tm_mon=8, tm_mday=1, tm_hour=0, tm_min=0, tm_sec=0, tm_wday=2, tm_yday=213, tm_isdst=-1)

温馨提示

以上均默认导入了time模块。

刚才提到过格式化符，现在将格式化符陈列在附录F中供大家参考。

9.6.3 datetime

datetime模块为处理日期和时间提供了便利，让我们可以用各种方式创建和合并日期和时间对象。

模块datetime下的一些实用函数，下表会用交互式来展示，<u>在操作之前需要导入datetime模块。</u>

记一记

表9-5

内容	解释
MAXYEAR	常量：最大年份9999年 >>> datetime.MAXYEAR 9999
MINYEAR	常量：最小年份1年 >>> datetime.MINYEAR 1
date(year, month, day)	将年月日合并成年 >>> print(datetime.date(2018, 7, 10)) 2018-07-10
datetime(year, month, day[, hour[,minute[,second[,microsecond[,tzinfo]]]]])	将年月日时分秒微秒时区合并成日期时间，年月日为必填项。 包含isoformat、strftime等方法。 >>> print(datetime.datetime(2018, 7, 1).strftime('%Y-%B-%d')) 2018-July-01

time([hour[,minute[,second[,microsecond[,tzinfo]]]]])	将时分秒微秒时区组合成时间，所有参数都是可选。最大max = datetime.time(23, 59, 59, 999999)
	最小\min = datetime.time(0, 0)
	>>> print(datetime.time())
	
	00:00:00
	>>> print(datetime.time(4, 30, 30))
	
	04:30:30

 温馨提示

datetime模块的函数相对于time模块都比较直观一些。

9.6.4 random

random模块包含生成随机数的函数，在编程的很多场景中我们都会用到随机数，比如抽奖、抽签。

模块random下的一些实用函数，下表会用交互式来展示，<u>在操作之前需要导入random模块。</u>

记一记

表9-6

内容	解释
random()	返回一个0-1（含）的随机小数 \>>> print(random.random()) 0.1324401114917979
uniform(a, b)	返回一个a~b（含）的随机实数 \>>> print(random.uniform(1, 100)) 98.75322896856929
randrange([start], stop, [step])	返回一个从start到stop-1，步长为step的随机数。start和step为可选参数，start默认为0，step默认为1 \>>> print(random.randrange(100)) 85 \>>> print(random.randrange(100, 200, 3)) 103
choice(seq)	在序列seq中选择一个元素 \>>> print(random.choice([1,2,3,4,5,6,7])) 4 \>>> print(random.choice((1,2,3,4,5,6,7))) 5
shuffle(seq[, random])	打乱seq的顺序 \>>> a = [1,2,3,4,5,6,7] \>>> random.shuffle(a) \>>> a [2, 6, 4, 1, 5, 7, 3]
sample(seq, n)	从序列seq中随机抽取n个值不同的元素并返回一个列表 \>>> a = [1,2,3,4,5,6,7] \>>> b = random.sample(a, 2) \>>> b [3, 2]
seed(a = None)	初始化随机数种子 \>>> random.seed(10) \>>> random.random() 0.5714025946899135 \>>> random.random() 0.4288890546751146 \>>> random.seed(10) \>>> random.random() 0.5714025946899135 \>>> random.random() 0.4288890546751146 #利用种子通过算法生成随机数，相同的种子，可以复现随机数序列
randint(a, b)	生成一个[a, b]之间的整数 \>>> random.randint(10, 20) 19
getrandbits(k)	生成一个k比特长的随机整数 \>>> random.getrandbits(1) 0 # 只有1个比特长，那么只有两种可能，要么是1，要么是0

温馨提示

以上列举了几个random下比较常用的函数，并通过交互模式进行了举例。

9.6.5 turtle

turtle库绘制图形，有一个窗体，一个海龟在坐标系里面爬行，爬行的轨迹就是绘制图形。可以通过编程，让小海龟前进、后退、旋转，还能设定朝向，刚开始小乌龟在窗体的中间，坐标为（0，0），头朝水平右方。

下面开始展示一下turtle下的一些实用函数。

练习并保存为9_3.py。

练一练

```
from turtle import *
circle(50)
```

温馨提示

用turtle画一个50为半径的圆。

运行脚本看看效果。

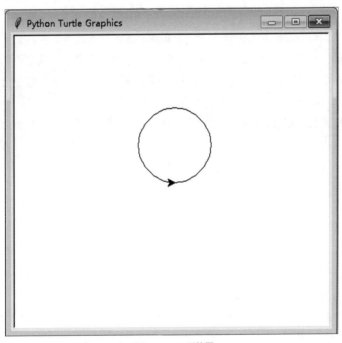

图9-1 tutle画的圆

窗体左上角Python Turtle Graphics是turtle创建的用户画图的窗体画布。

1. 窗体画布

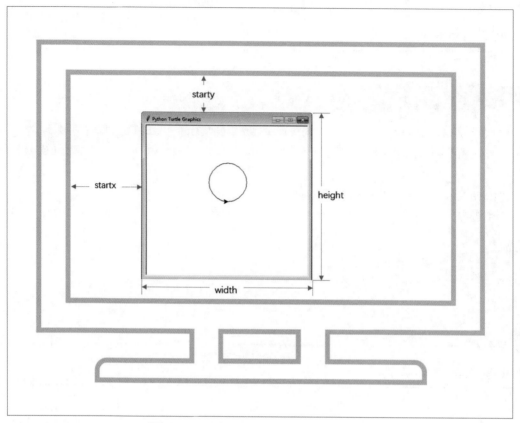

图9-2　turtle画布turtle.setup()函数的四个参数图示

　　我们可以自己设置画布，设置画布需要知道四个参数。首先是起始点，要设置起始点需要有参照物，参照物是屏幕的左上角的起点：startx是水平方向，画布的起点与屏幕左上角之间的水平位移；starty是垂直方向，画布的起点与屏幕左上角之间的垂直位移。有了这两个就知道画布最左上角从屏幕上的何处开始，加上画布的宽度width和高度height，画布就设置好了。

　　让我们来画一个距离左上角startx=100 starty=100，自身尺寸width=500 height=500的画布。

　　练习并保存为9_4.py。

练一练

```
import turtle
turtle.setup(500, 500, 100, 100)
```

 温馨提示

函数参数：turtle.setup(width, height, startx, starty)

　　画出来的效果，如图所示：

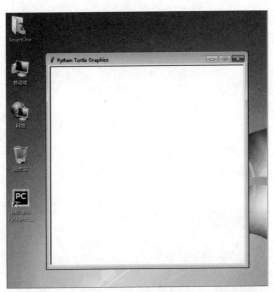

图9-3　turtle画布turtle.setup()函数的四个参数图示

2. 画笔状态

turtle乌龟就像我们的画笔，到底画什么颜色、粗细等，这些画笔的状态都可以通过函数来设定。

记一记

表9-7

内容	解释
pendown()	放下画笔
penup()	提起画笔
pensize(width)	画笔线条粗细
pencolor()	画笔颜色
begin_fill()	填充图形前调用
end_fill()	填充图形结束调用
filling()	返回填充状态，True为填充/False为未填充
clear()	清空画布，不改变画笔位置
reset()	清空画布，并重置
screensize()	设置画布长和宽
hideturtle()	隐藏画笔形状turtle
showturtle()	显示画笔形状turtle
isvisible()	如果turtle可见，则返回True
write(str, font=None)	输出font字体的字符串

温馨提示

有一种便利地实践方法，并列IDLE的交互式窗口以及画布窗口，这样可以边输入语句，可以看到即时的效果。

3. 画笔运动

画笔究竟在画布上做出什么动作，这些动作都是可以通过函数来设定的。

记一记

表9-8

内容	解释
forward()/fd()	沿着当前方向前进指定距离
backward()	沿着当前方向的反方向前进指定的距离
right()	向右也就是顺时针旋转指定的角度
left()	向左也就是逆时针旋转指定的角度
goto(x, y)	移动到绝对坐标(x, y)
setx()	将当前x轴移动到指定位置
sety()	将当前y轴移动到指定位置
setheading()	设置当前朝向为指定角度，0度为水平向右
home()	设置当前画笔位置为原点，画笔朝向水平向右
circle(r, e)	绘制一个指定半径r和角度e
dot(r, c)	绘制一个指定半径r和颜色c的原点
undo()	撤销画笔最后一步
speed()	设定画笔绘制速度(范围：0-10)

> **温馨提示**
>
> 有一种便利的实践方法，并列IDLE的交互式窗口以及画布窗口，这样可边输入语句，边看画笔对应的动作反应。

9.6.6 io

io就是计算机中的input（输入）与output（输出），凡是数据交换都会用到io。

模块io下的一些实用函数，下表会用交互式来展示，在操作之前需要导入io模块。

记一记

表9-9

内容	解释
FileIO	文件IO，在当前文件夹下创建文件1.txt，并赋值给变量f >>>f=io.FileIO("dademiao.txt", 'w+')

StringIO	字符串IO，像读取文件一样读取字符串
	>>> from io import StringIO
	>>> f = StringIO('Hello!\nThis is Dademiao!')
	>>> print(f.read())
	Hello!
	This is Li Lei!

温馨提示

以上为常用的函数。

9.6.7 sys

sys可以访问与Python解释器密切相关的变量和函数。

比如说前面提到的sys.path，这是一个列表，保存了解释器会去找寻模块的目录。

模块sys下的一些实用函数，下表会用交互式来展示，在操作之前需要导入sys模块。

记一记

表9-10

内容	解释

exit	退出当前程序
	>>> for i in range(100):
	    if i == 5:
	        sys.exit()
	    print(i)
	
	0
	1
	2
	3
	4

path	目录 >>> print(sys.path) ['', 'C:\\Python\\Program\\Lib\\idlelib', 'C:\\Python\\Program\\python37.zip', 'C:\\Python\\Program\\DLLs', 'C:\\Python\\Program\\lib', 'C:\\Python\\Program', 'C:\\Users\\Mr_Da\\AppData\\Roaming\\Python\\Python37\\site-packages', 'C:\\Python\\Program\\lib\\site-packages']

version	查看Python版本
	>>> import sys
	>>> print(sys.version)
	3.5.3 (v3.5.3:1880cb95a742, Jan 16 2017, 16:02:32) [MSC v.1900 64 bit (AMD64)]

 温馨提示

sys模块下常用的函数列表。

9.6.8 os

os让你可以调用操作系统的服务，本模块包含的内容很多，建议在使用这个大型模块的时候，用import os的方式，避免覆盖别的同名函数，内容太多的时候可以通过dir()和help()函数进行查询。

模块os下的一些实用函数，下表会用交互式来展示，在操作之前需要导入os模块。

记一记

表9-11

内容	解释
getcwd	#获取当前工作目录 >>> os.getcwd()
chdir	#改变当前工作文件夹（示范为到上一级目录） >>> os.chdir("../")
makedirs	#在当前目录下，创建新文件夹test >>> os.makedirs("test")
path	# path是os的子模块，提供了很多函数 >>> os.path.getctime('c:\\python\\program\\1.txt') 1531211018.0959222

 温馨提示

os模块常用的函数还有很多，受篇幅所限无法一一列举。

9.7 判断题

1. 使用from turtle import circle可以引入 turtle 库。

2. 使用 import turtle 引入turtle 库。

3. time.sleep(5) 是说休眠5毫秒。

4. import sys之后，print(sys.version)显示操作系统版本。

5. 设置turtle画笔颜色的函数是pencolor()。

6. turtle画圆弧的函数是turtle.circle()。

7. random.uniform(a, b)的作用时生成一个[a, b]之间的随机整数。

8. random库的seed(x)函数的作用是设置初始化随机数种子x。

9. turtle库home() 函数的功能是设置当前画笔位置到原点，朝向东。

答案以及解释请扫二维码查看。

手机扫一扫，
查看相关扩展内容

10

Chapter

面向对象

Object Oriented面向对象，是一种软件开发方法。什么是对象呢？
就是一种对现实世界理解和抽象的方法，把现实世界中的关系抽象成
类、继承，帮助人们对现实世界的抽象与数字建模。具体怎么抽象
呢？本章来展示一下。

学习时长：这部分挺有意思，但是不是考试重点，建议学习2小时。

Python从设计之初就是面向对象的编程语言，面向对象编程是最有效的软件编写方法之一。

面向对象的对象指得是什么呢？所谓物以类聚，为了方便，我们对万事万物都有分类，每一个具体事物，就是基于这种类的一个对象，之所以能够归类，就是这些事物具有相同的属性与行为。假如人是一个类，那我们每个人都是这个类里面的对象了，有肤色、名字、年龄等属性，以及吃、睡等人类都会有的行为。

现在，我们就通过实操来学习。

10.1 创建类

使用类几乎可以模仿任何东西，下面我们来模仿上帝创造人类。

练习如下代码，并保存为ex10_1.py。

练一练

```python
class Human:
    """一次创造人类的尝试"""

    def __init__(self, name, age, gender):
        """初始化人的姓名name，年龄age，性别gender"""
        self.name = name
        self.age = age
        self.gender = gender

    def eat(self):
        """模拟人类吃饭"""
        print(self.name + "张嘴吃")

    def sleep(self):
        """模拟人类睡觉"""
        print(self.name + "闭眼睡")
```

💡 **温馨提示**

1. class Human: 定义了一个Human类，类命名首字母通常为大写。
2. """一次创造人类的尝试"""，这是我们对于Human类功能的描述，会出现在help函数。
3. def __init__(self, name, age, gender): 类中的函数称之为方法，__init__是一个特殊的方法，init左右各有两个下划线，这是一种特殊的表达方式，根据这个类创建实例时，Python会自动运行__init__方法，通过它用给定的参数来创建基于类的实例。类里面的方法与普通的函数有个特别的区别，就是必须有一个名为self的参数，self代表的就是实例。我们创建实例的时候，只需给出参数name, age, gender。
4. self.name = name self.age = age self.gender = gender 三个变量都有self前缀，类中的所有方法都可以调用这些变量，也可以通过实例来访问这些变量。self.name = name获取形参name中的值，其他类似。
5. def eat(self), def sleep(self)是两个方法，意思是吃饭和睡觉，当然在我们的代码里，现在还只是打印一条消息。

10.2　创建实例

练习敲如下代码，保存为ex10_2.py。

练一练

```python
# 导入模块ex10_1中的Human类
from ex10_1 import Human

# 创建一个变量名为datian的Human实例
datian = Human("大田", 18, '男')

# 访问datian实例中的变量name
print(datian.name)
# 访问datian实例中的变量age
print(datian.age)
# 访问datian实例中的变量gender
print(datian.gender)

# 运行datian实例的eat方法
datian.eat()
# 运行datian实例的sleep方法
datian.sleep()

# 调出Human的帮助
help(Human)
```

 温馨提示

1. from ex10_1 import Human，类存储在模块中，可以通过导入模块中的类的方法来导入类，然后基于类创建实例。
2. datian = Human("大田", 18, '男')创建了一个名为datian的实例，可以看到，只要传输name, age, gender三个参数即可，self参数无需传递。
3. print(datian.name)，datian.name代表了实例datian的name属性，其余类似。
4. datian.eat()是调用datian实例的eat方法。
5. help(Human)是查看我们自己写的类帮助，了解了帮助展现形式。

结果会是怎样呢？

看一看

```
大田
18
男
大田张嘴吃
```

```
大田闭眼睡
Help on class Human in module ex10_1:

class Human(builtins.object)
 |  一次创造人类的尝试
 |
 |  Methods defined here:
 |
 |  __init__(self, name, age, gender)
 |      初始化人的姓名name，年龄age，性别gender
 |
 |  eat(self)
 |      模拟人类吃饭
 |
 |  sleep(self)
 |      模拟人类睡觉
 |
 |  ----------------------------------------------------------------------
 |  Data descriptors defined here:
 |
 |  __dict__
 |      dictionary for instance variables (if defined)
 |
 |  __weakref__
 |      list of weak references to the object (if defined)
```

> 💡 **温馨提示**
>
> 通过自己创建类创建实例，使用help查看类，以后使用help查看系统内置模块的时候，应该就没有那么生疏了。

10.2.1 给属性制定默认值

练习敲如下代码，并保存为ex10_3.py。

练一练

```
class Human:
    """一次创造人类的尝试"""

    def __init__(self, name, gender):
        """初始化人的姓名name，年龄age，性别gender"""
        self.name = name
        self.gender = gender
        self.age = 0
```

```
    def eat(self):
        """模拟人类吃饭"""
        print(self.name + "张嘴吃")


    def sleep(self):
        """模拟人类睡觉"""
        print(self.name + "闭眼睡")
```

 温馨提示

1. def __init__(self, name, gender)：这和第一次创建的人类区别在于少了age参数，每个人都是从0岁开始的，所以age年龄可以设置默认值为0，被设置默认值的属性，就无需包含在形参里了。
2. self.age = 0 定义了年龄参数age并给了初始值0。

10.2.2　修改属性的值

修改属性的值可以直接通过实例进行修改。

练习敲如下代码，并保存为ex10_4.py。

练一练

```
# 导入age属性默认值为0的Human类
from ex10_3 import Human

# 创建名为datian的实例
datian = Human('大田', '男')
# 访问大田的默认age属性
print(datian.age)
# 修改大田的age属性
datian.age = 18
print(datian.age)
```

 温馨提示

1. datian.age = 18就是直接通过实例修改属性的方法。
2. 大家运行这个代码的结果就是0和18，0是默认属性，18是修改过后的属性。
3. 有的程序员认为这种方式不好，建议通过内置的方法来修改。

修改属性的值的另一种方式就是通过方法修改。

首先，我们需要在类里面增加修改年龄属性的方法，如下所示：练习敲如下代码，并保存为10_5.py。

练一练

```
class Human:
```

```python
    """一次创造人类的尝试"""

    def __init__(self, name, gender):
        """初始化人的姓名name, 年龄age, 性别gender"""
        self.name = name
        self.gender = gender
        self.age = 0

    def eat(self):
        """模拟人类吃饭"""
        print(self.name + "张嘴吃")

    def sleep(self):
        """模拟人类睡觉"""
        print(self.name + "闭眼睡")

    def update_age(self, new_age):
        """更新实例年龄"""
        self.age = new_age
```

温馨提示

注意最后一个方法update_age(self, new_age), 这个方法的目的就是对属性值age进行修改。

我们尝试用这个方法来进行属性值的修改。

练习敲如下代码, 并保存为10_6.py。

练一练

```python
# 从ex10_5中导入Human类
from ex10_5 import Human

# 实例化Human类
datian = Human('大田', '男')
# 用方法更新年龄属性
datian.update_age(18)

# 输出实例年龄属性检查效果
print(datian.age)
```

温馨提示

输出的结果是修改结果18。

10.3 继承

在编写类的时候，我们并不总需要从0开始，比如我们现在需要写一个医生的类，其实就是人类里从事职业为医生的类，此时就可以让医生类继承人类。人类在此时就称为父类，医生类成为子类，并自动继承人类的属性和方法，也可以定义自己的属性和方法。

练习敲如下代码，并保存为ex10_7.py。

练一练

```python
# 从ex10_5中导入Human类
from ex10_5 import Human


class Doctor(Human):
    """增加医生类Doctor"""

    def __init__(self, name, gender):
        """初始化父类的属性"""
        # super(), superclass的简称，上一级的意思
        # super()是个特殊的函数，让子类可以和父类关联起来
        super().__init__(name, gender)
        # 自定义一个职业career的属性为'医生'
        self.career = '医生'

    def surgery(self):
        """打印实例医生正在做手术"""
        print(self.name + "正在做手术")


# 创建一个女孩医生的实例girl
girl = Doctor('CC', '女')
# 测试医生子类继承父类属性的效果，以及新建属性
print(girl.name + "是" + girl.gender + girl.career)
# 测试医生子类是否继承了父类的sleep方法
girl.sleep()
# 测试医生子类新建的surgery方法
girl.surgery()
```

💡 **温馨提示**

1. class Doctor(Human):，Doctor这个类继承了Human类，所以括弧里有个Human。

2. super().__init__(name, gender)，子类继承了父类的属性。

3. self.career = '医生'，子类相较父类增加了career属性。

4. print(girl.name + "是" + girl.gender + girl.career)，测试子类是否能够使用父类的属性以及自己新增的属性，运行后的结果应该是：CC是女医生。

5.　girl.sleep()继承父类的sleep方法，运行后结果应该是：CC闭眼睡。

6.　girl.surgery()是子类新建的方法，运行后结果应该是：CC正在做手术。

10.4　改写父类方法

对于父类的方法不适用于子类的，都可以在子类中进行改写，方法很简单，在子类中定义一个与父类方法同名的方法并改写即可，效果就相当于屏蔽了父类中同名的方法。

练习敲如下代码，并保存为10_8.py。

练一练

```python
# 从ex10_5中导入Human类
from ex10_5 import Human


class Doctor(Human):
    """增加医生类Doctor"""

    def __init__(self, name, gender):
        """初始化父类的属性"""
        # super(), superclass的简称, 上一级的意思
        # super()是个特殊的函数, 让子类可以和父类关联起来
        super().__init__(name, gender)
        # 自定义一个职业career的属性为'医生'
        self.career = '医生'

    def surgery(self):
        """打印实例医生正在做手术"""
        print(self.name + "正在做手术")

    def sleep(self):
        print(self.name + self.career + "只能在不值班的时候睡觉")


girl = Doctor('CC', '女')
# 试验子类的sleep方法是否奏效
girl.sleep()
```

 温馨提示

1.　def sleep(self):，在Doctor子类中，定义了一个和父类中同名的sleep()方法，但是内容不同。

2.　girl.sleep()实验子类的sleep方法是否奏效，结果应该是输出：CC医生只能在不值班的时候睡觉。

10.5　导入类

在本书的案例中，已经演示过如何导入类，导入类的方法和导入模块类似，具体可以参考相关章节。

10.6　判断题

1. Python使用class关键字来定义类。
2. Python中一切内容都可以称为对象。

答案以及解释请扫二维码查看。

手机扫一扫，
查看相关扩展内容

11

Chapter

程序的输入与输出

程序具有普适性，可以用来处理同类型的事，程序需要根据不同的输入，产生不同的输出，在前面章节中，均讲到这部分内容，由于这部分无论在考试还是现实中都非常重要，本章再次系统地讲一下。另外，我们不会止步于屏幕上的输入输出，还要对文件进行读写，实现更高层级的输入与输出。

学习时长：本章在考试及现实中都非常有用，建议仔细练习，约10个小时。

大多数程序都需要从外部获取数据，然后输出处理结果。获取数据可以从各种渠道获取，比如进行人机交互。在前面章节中，我们陆续用到人机交互，接下来就专门了解人机交互。人机交互分为两块，一块是获取用户输入；另一块是在屏幕上输出打印格式化的文本。这是MTA和二级的重点考试内容。

11.1　用户输入

要让程序与用户产生互动，少不了需要用户的输入。

11.1.1　input()

我们需要从用户那里获取文本或数值两类信息，比如说姓名与年龄。我们接着来看看应该如何获取用户输入，这里要特别注意的是，无论用户输入的内容是什么，input()函数都以字符串类型返回结果。

结合之前的内容做一个案例，比如：在企业里，很多员工的信息需要通过计算得来，我们要帮人力资源做一个计算器，计算员工该交多少养老保险，哪一年可以退休，且这个程序可以重复利用。

练习敲如下代码，并保存为11_1.py。

看一看

```python
import datetime


# 设定一个员工类，便于重复使用
class Employee:
    """员工类，可以计算员工福利信息"""
    def __init__(self, name, age, salary):
        """初始化员工信息，需要有姓名、年龄和工资"""
        self.name = name
        self.age = age
        self.salary = salary

    def pension(self):
        """计算员工需要缴纳的养老保险"""
        # 定义养老保险比例8%，表示为0.08
        pension_rate = 0.08
        # 返回值通过缴费工资乘以保险比例，保留2位小数
        return round(self.salary * pension_rate, 2)

    def retire_year(self):
        """计算退休年份"""
        # 定义法定退休年龄
        retire_age = 60
        # 获得当前年的年份
```

```python
        return retire_age - self.age + this_year


# 本节重点，用户输入
emp_name = input("请输入员工姓名：")
emp_age = int(input("请输入员工年龄："))
emp_salary = float(input("请输入员工工资："))
# 实例化员工
datian = Employee(emp_name, emp_age, emp_salary)
# 计算缴纳养老保险的费用
pension_fee = datian.pension()
# 计算退休的年份
retire = datian.retire_year()
# 格式化返回员工信息
print("%s今年%d岁，月缴养老保险%.2f，在%d年退休" \
    % (datian.name, datian.age, pension_fee, retire))
```

💡 **温馨提示**

1. 首先设定了一个员工类，便于重复使用，具体类的内容可以参考第10章。
2. emp_name = input("请输入员工姓名：")，这是本节的重点，通过input获得的输入是字符串，所以员工姓名本来就是字符串类型的数据。
3. emp_age = int(input("请输入员工年龄："))，这是本节的重点。由于通过input获得的数据默认为字符串，但是年龄需要当作整型数据参与到计算中，字符串直接参与计算会报错，所以在input函数外，我们嵌套了一个int函数来进行数据类型转换，把输入的字符串类型转成整型。
4. emp_salary = float(input("请输入员工工资："))，这是本节的重点。工资数据属于货币类型的数据，一般来说会有两位小数，而从input获得的数据，默认为字符串，所以在input函数外，我们嵌套了一个float函数来进行数据类型转换，把输入的字符串类型转换成浮点。

以上，我们通过一个案例，总结了获取用户输入的常见情形，让我们来看一下运行效果。

看一看

请输入员工姓名：大田
请输入员工年龄：18
请输入员工工资：1801.11
大田今年18岁，月缴养老保险144.09，在2060年退休

💡 **温馨提示**

下划线本身是不存在的，只是为了表达这部分应为用户输入的部分。

11.1.2 eval()

eval()[1]函数可以去掉字符串最外侧的引号，并用Python解释去掉引号后的内容，是MTA以及二级都有可能会考的内容。

练习敲如下代码，并保存为11_2.py。

练一练

```
pi = eval("3.14")
print(pi, type(pi))
```

 温馨提示

输出的结果是：3.14 <class 'float'>，可以看到eval函数的功能就是去掉了"3.14"最外侧的引号，使得变量pi的类型变成了浮点类型。

练习敲如下代码，并保存为11_3.py。

练一练

```
name = eval("'dademiao'")
print(name)
```

 温馨提示

输出结果是：dademiao，eval()函数去掉了最外侧的"，内部还有个'，所以'dademiao'被认为是字符串。

练习敲如下代码，并保存为11_4.py。

练一练

```
name = eval("dademiao")
print(name)
```

 温馨提示

输出结果报错：NameError: name 'dademiao' is not defined，也就是dademiao被识别成了一个变量，但是程序发现这个变量没有被定义过。

练习敲如下代码，并保存为11_5.py。

练一练

```
dademiao = '答得喵'
name = eval("dademiao")
print(name)
```

输出结果：答得喵，我们可以看到，首先对变量dademiao赋值，然后通过eval去掉了最外侧的"，由于dademiao不是数值，所以系统会认为是变量，输出了变量dademiao被赋的值。

11.2 格式化输出

字符串的输出，我们在数据类型章节的字符串类型中讲了很多，对链接字符串、复制字符串、转义字符都有提及，对格式化字符串也进行了简单的讲解，在字符串方法format里提及了很多格式化字符串的方法，但字符串格式设置涉及的内容实在太多，而且是考试常常提及的内容，所以在这里我们根据实际使用情况，再次复习一下。

11.2.1 链接字符串

练习敲如下代码，并保存为11_6.py。

练一练

```python
# 获取用户输入的货品销售信息字符串
item = input("请输入货品名称：")
sales = input("请输入销售数量：")

# 第一种货品销售信息输出方式：货品、销售数量
print(item + ',' + sales)
print("{0},{1}".format(item, sales))
print('%s,%s' % (item, sales))

# 第二种货品销售信息输出方式："货品"、销售数量
print('"' + item + '",' + sales)
print('"{0}",{1}'.format(item, sales))
print('"%s",%s' % (item, sales))
```

💡 **温馨提示**

1. 这个练习代表了常见链接字符串的3种方式，这些方式只能用于链接字符串，不能链接字符串和非字符串类型的数据。
2. print(item + ',' + sales)，最简单的字符串变量和符号相链接的方式。
3. print('{0},{1}'.format(item, sales))，字符串format方法的方式，一对{}是一个槽，括号中可以有数字，如本例中的0和1，也可以去掉。可以尝试一下去掉，并运行看看效果，或改成1和1、0和0、1和0，看看不同效果。
4. print('%s,%s' % (item, sales))这种是利用字符串格式化符号的方法。

更多关于字符串的链接与格式化，复习字符串format方法，接着看看运行效果。

看一看

```
请输入货品名称：MTA
请输入销售数量：100
MTA,100
MTA,100
MTA,100
"MTA",100
"MTA",100
"MTA",100
```

 温馨提示

可以看到，三种方法都可以实现同样的效果。

11.2.2 链接字符串和数字的注意事项

下面以设计通过用户输入的信息，反馈还有多少年退休的应用程序为例。

练习敲如下代码，并保存为11_7.py。

练一练

```python
# 定义退休年龄
retire_age = 60
# 获取用户输入个人信息
name = input("请输入你的姓名：")
age = int(input("请输入你的年龄："))
# 反馈退休信息
print(name + "您好！您还有" + str(retire_age - age) + "年退休！")
print(name + "您好！您还有", retire_age - age, "年退休！")
```

 温馨提示

1. name获取的是用户输入的字符串。
2. age是将用户输入的字符串转换为整型，通过被退休年龄retire_age相减来获取还有多少年能够退休，得到的结果依旧是整型，此时和name变量以及其他文本合并并打印输出的时候，就需要用到str函数，如+ str(retire_age - age) +来进行链接，或者，retire_age - age 作为第二种来代表输出中不同的部分。

看看效果会怎样。

> 请输入你的姓名：大田
> 请输入你的年龄：18
> 大田您好！您还有42年退休！
> 大田您好！您还有 42 年退休！

温馨提示

从最后两行的结果，我们可以看到两种链接方式还是不同的，不同点就在于年份数字两侧是否有空格。

11.2.3 格式化输出日期与时间

练习敲如下代码，并保存为11_8.py。

练一练

```
import datetime

# 生成一个日期
d = datetime.datetime(2018, 7, 13)

# 格式化输出日期
print('{:%B-%d-%y}'.format(d))
print('{:%b-%d-%Y}'.format(d))
```

温馨提示

这种方式也可以用来格式化输出日期，使用到了附录中的日期格式化符。

看看format方法格式化日期的效果。

看一看

```
July-13-18
Jul-13-2018
```

温馨提示

同样的日期之所以输出之后的样式不一样，就是因为格式化符的缘故。

11.2.4 格式化输出数字

± 号对数字的影响。

练习敲如下代码，并保存为11_9.py。

练一练

```
#  ±仅仅对数值型有用，有+ - 和空格三种
#  没有正负号和空格，与只有负号是一样的效果
#  负号仅在负数前面出现
print('{:f}; {:f}'.format(3.14, -3.14))
print('{:-f}; {:-f}'.format(3.14, -3.14))
#  正号的效果就是在正数前有正号，负数前有负号
print('{:+f}; {:+f}'.format(3.14, -3.14))
#  空格的效果是正数前面有空格，负数前有负号
print('{: f}; {: f}'.format(3.14, -3.14))
```

 温馨提示

将正负号用于格式化输出数字

用不同的参数对数值型数据会产生什么影响呢？

看一看

```
3.140000; -3.140000
3.140000; -3.140000
+3.140000; -3.140000
 3.140000; -3.140000
```

 温馨提示

1. 前两个效果一样。
2. 后两个有正号和空格的区别。

再看一个综合案例。

练习敲如下代码，并保存为11_10.py。

练一练

```
num = 1234567.890
print('{:0>+20,.4f}'.format(num))
```

看看最终的效果会是怎样。

看一看

```
00000+1,234,567.8900
```

11.2.5　print()函数的end参数

print()输出文本时默认会在最后增加一个换行，如果不希望在后面增加空行，需要用到end参数进行赋值，MTA以及二级都有可能会考到这个参数。

练习敲如下代码，并保存为11_11.py。

练一练

```
name = '答得喵'
subject = 'MTA'
print(name, end='是')
print(subject, end='考试中心')
```

11.2.6　打印带转义字符的内容

练习敲如下代码，并保存为11_12.py。

练一练

```
print("答得喵\t考试中心")
print(r"答得喵\t考试中心")
```

温馨提示

这两个print语句的区别，就在于后一条多了一个r，究竟有什么样的差别呢？

运行代码，我们看看结果会有什么不同？

看一看

答得喵 考试中心
答得喵\t考试中心

温馨提示

我们知道\t是转义字符，代表一个缩进tab，所以第一行输出的时候，答得喵和考试中心有一个tab的距离，但是第二行则直接输出了\t本身，也就是在前面加个r可以打印带有转义字符本身的内容。

11.2.7 print()函数的sep参数

练习敲如下代码，并保存为11_13.py。

练一练

```
print('答得喵', '考试中心')
print('答得喵', '考试中心', sep='-')
```

温馨提示

1. 第一个print语句，我们没有增加sep参数。
2. 第二个print语句，增加了sep参数，并定义-为连接符。

结果会是如何呢？

看一看

答得喵考试中心
答得喵-考试中心

温馨提示

1. 第一次是正常的输出。
2. 第二次，我们发现两个字符串之间，有一个连接符-，这就是sep参数的作用。

11.3　文件处理

如果我们的程序，只能像前面的例子那样，在屏幕上和用户进行交互，那就太乏味了。其实，我们还可以通过文件来进行数据的存储与传递。

本节后半部分主要介绍文件的读写，使用"纯文本文件"作为载体，例如以.txt为扩展名的文本文件和.py结尾的Python脚本，都是"纯文本"的例子，这些文件都可以轻易被记事本打开。其他类型的文件，不再本节讨论的范围。

11.3.1　文件与目录

文件都是保存在目录中的，在进行文件操作之前，我们需要了解文件目录是如何运作的。

我们首先在计算机的硬盘上建立文件夹作为实践使用，此处仅以Windows系统为例，C:\dademiao\file\txt\pi.txt就是C盘dademiao文件夹中的file文件内的txt文件里的名为pi.txt的文本文件(.txt为文本文件的扩展名)。

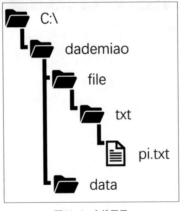

图11-1　文件目录

pi.txt文件里的内容就是：3.14159265358979323846264383279

1. 目录的格式

C:\dademiao\file\txt是我们所熟知的Windows文件路径写法，文件路径在Python中实际表示为字符串，说到字符串，我们需要知道某段字符串是否在另一个字符串里面出现过，此时我们就需要用到in。

在交互模式下敲如下代码：

看一看

```
>>> '答' in '答得喵'
True
>>> '大' in '答得喵'
False
>>>
```

温馨提示

1. 答是否在答得喵里呢？当然啦，所以返回结果为布尔值True。
2. 大是否在答得喵里呢？当然…没有啦，所以返回结果为布尔值False。

我们应该注意到，在文件路径中会用到转义字符\，所以如果我们要告诉Python文件路径，就需要的写成'C:\\dademiao\\file\\txt'。

如果我们知道各个文件夹的名称，还可以用如下方法来向Python传递目录。

在交互模式下，敲如下代码，确保C盘有目录名为dademiao。

看一看

```
>>> import os
>>> os.path.join('C:\\', 'dademiao')
'C:\\dademiao'
```

温馨提示

这就是join方法，在知道各个文件夹后，通过join方法来拼接成目录，注意 'C:\\'之所以后面有两个反斜杠是因为\是转义字符。

2. 当前工作目录

我们运行程序的时候，都会有一个当前程序所在的目录，简称当前目录。如何获取当前目录呢？

在交互模式下敲如下代码：

看一看

```
>>> import os
>>> os.getcwd()
'C:\\Python\\Program'
```

温馨提示

1. os模块的getcwd方法可以获取当前目录。
2. 现在我们在交互模式下，系统反馈回来当前目录是'C:\\Python\\Program'，因为写本书时，Python就安装在C:\Python\Program下，如果你的安装目录与本书不同，就会有所不同，为什么两者看起来有差异？很简单，还是因为转义字符的缘故，而且，我们通过IDLE的交互式来运行得代码。

3. 切换路径

我们的程序经常需要处理其他目录下的文件，此时就需要在程序中切换目录，我们该怎么做呢？比如说，我们希望把当前目录从C:\Python\Program切换到C:\dademiao，该怎么做？

在交互模式下敲如下代码：

看一看

```
>>> import os
>>> os.getcwd()
'C:\\Python\\Program'
>>> os.chdir('C:\\dademiao')
>>> os.getcwd()
'C:\\dademiao'
```

💡 **温馨提示**

1. os模块下的chdir方法就是用于切换当前目录的。
2. 通过getcwd方法，我们可以看到，在改变之前和之后的不同。

4. 绝对与相对路径

首先，我们还是回顾一下练习用的文件夹结构：

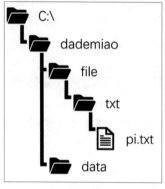

图11-2

绝对路径就是刚才展示的，从根目录开始的路径，比如C:\Python\Program。

但是用户并不总会按照你给出的指引去做，就拿安装Python这件事来说，用户会根据自己的需求，把Python安装到了不同的盘符，比如安装在D:\Python\Program。此时，我们需要访问Python安装文件夹该怎么办呢？除了去获取当前目录来进行推演外，还有一个快捷的方法就是使用相对路径，相对路径的表达有两种：点（.）和点点（..）。点（.）代表当前目录，一般在用程序处理当前目录下的文件时，使用较为频繁。点点（..）代表上一层文件夹。

在交互模式下敲如下代码：

看一看

```
>>> import os
>>> os.getcwd()
'C:\\Python\\Program'
>>> os.chdir('C:\\dademiao\\data')
>>> os.getcwd()
'C:\\dademiao\\data'
>>> os.chdir('..\\file')
```

```
>>> os.getcwd()
'C:\\dademiao\\file'
```

 温馨提示

1. 第一次getcwd，依然是在Python的安装目录C:\Python\Program。
2. 第二次getcwd，由于我们已经通过chdir修改了目录，所以当前目录在C:\dademiao\data。
3. os.chdir('..\\file')，又一次修改目录，'..\\file'就是进入data的上一级目录dademiao目录下的file目录。

OS模块还为我们处理文件路径提供了很多便利方法。

比如：把相对路径转化为绝对路径，接上一个看一看。

在交互模式下敲如下代码：

看一看

```
>>> os.path.abspath('..\\file')
'C:\\dademiao\\file'
```

 温馨提示

我们可以看到，相对路径被转化为了绝对路径。

判断一个路径是否是绝对路径

在交互模式下敲如下代码：

看一看

```
>>> os.path.isabs('C:\\dademiao\data')
True
>>> os.path.isabs('..\\file')
False
```

 温馨提示

通过布尔值True/False来反馈，True代表是绝对路径，False是相对路径。

os.path.relpath(path, start)返回start路径到path路径的相对路径字符串，start路径的缺省值为当前路径。

在交互模式下敲如下代码：

看一看

```
>>> os.path.relpath('C:\\dademiao\data','C:\\Python\Program')
'..\\..\\dademiao\\data'
```

温馨提示

'..\\..\\dademiao\\data'代表什么意思呢？从起点Program到上一级Python再到上一级C:\然后到dademiao，然后到data。

如果对于具体某个文件C:\dademiao\file\txt\pi.txt，OS模块还提供方法提取路径和文件。

在交互模式下敲如下代码：

看一看

```
>>> file_path = 'C:\\dademiao\\file\\txt\\pi.txt'
>>> os.path.dirname(file_path)
'C:\\dademiao\\file\\txt'
>>> os.path.basename(file_path)
'pi.txt'
>>> os.path.split(file_path)
('C:\\dademiao\\file\\txt', 'pi.txt')
```

温馨提示

1. os.path.dirname 返回路径中最后一个反斜杠（双反斜杠）之左的所有内容。
2. os.path.basename 返回路径中最后一个反斜杠（双反斜杠）之右的所有内容。
3. os.path.split返回上述两项内容，放在一个元组中。

5. 创建新文件夹

我们还可以通过Python在计算机上创建文件夹，比如我们要在C盘dademiao文件夹下创建一个temp文件夹该怎么做呢？

在交互模式下敲如下代码：

看一看

```
>>> os.makedirs('C:\\dademiao\\temp')
```

温馨提示

即便C盘没有dademiao目录，系统也会一并创建，如果该目录已经存在，则会报错WinError183当文件（夹）存在时，无法创建。

6. 检查文件/文件夹内容

如果你用过Windows资源管理器，相信对于查看某个文件的大小、创建时间、修改时间和访问时间并不陌生，用os模块我们一样可以做到。

在交互模式下敲如下代码：

看一看

```
>>> os.path.getsize('C:\\dademiao\\file\\txt\\pi.txt')
32
>>> os.path.getctime('C:\\dademiao\\file\\txt\\pi.txt')
1531532922.1781144
>>> os.path.getmtime('C:\\dademiao\\file\\txt\\pi.txt')
1531532993.4293475
>>> os.path.getatime('C:\\dademiao\\file\\txt\\pi.txt')
1531555355.4567108
```

 温馨提示

1. os.path.getsize返回文件的大小，结果32的单位是字节。
2. os.path.getctime、os.path.getmtime、os.path.getatime分别获得文件创建时间、修改时间、访问时间的时间戳。

os模块还可以让我们查询一个文件夹下有哪些目录和文件夹。

在交互模式下敲如下代码：

看一看

```
>>> os.listdir('C:\\dademiao')
['data', 'file', 'temp']
```

 温馨提示

经过刚才的所有演练，dademiao下有三个文件夹，data、file、temp都显现出来了。只显示第一层，再往下的如file下的内容，则不显示。

7. 检查目录或者文件是否存在

在创建新文件夹小节中，我们提到过如果重复创建文件夹，Python是会报错的。其实，Python帮我们预备了检查机制。

它们是检查文件或文件夹是否存在的os.path.exists()，检查是否为路径的os.path.isdir()，检查是否为文件的os.path.isfile()。我们来实操一下。

在交互模式下敲如下代码：

看一看

```
>>> os.path.exists('C:\\fake')
False
>>> os.path.exists('C:\\dademiao')
True
>>> os.path.isdir('C:\\dademiao')
True
>>> os.path.isdir('C:\\dademiao\\file\\txt\\pi.txt')
False
```

```
>>> os.path.isfile('C:\\dademiao')
False
>>> os.path.isfile('C:\\dademiao\\file\\txt\\pi.txt')
True
```

 温馨提示

1. os.path.exists('C:\\fake'),C:\fake是我凭空捏造的在自己电脑中不存在的文件夹,所以返回结果为False,如果你确实在C盘下有一个fake文件夹,那就另当别论。
2. os.path.exists('C:\\dademiao'),我们创建的练习文件夹中有目录dademiao,所以返回结果应该有,所以是True。
3. os.path.isdir('C:\\dademiao'),判断C:\dademiao是否为一个目录,当然是目录,所以结果是True。
4. os.path.isdir('C:\\dademiao\\file\\txt\\pi.txt'),参数已经具体指向一个文件pi.txt了,所以不是一个目录了,返回False。
5. os.path.isfile('C:\\dademiao'),C:\dademiao是一个文件夹,而不是文件,所以返回结果为False。
6. os.path.isfile('C:\\dademiao\\file\\txt\\pi.txt'),参数指向的就是文件pi.txt,所以返回结果应该是True。

8. 删除文件/文件夹

在交互模式下敲如下代码:

看一看

```
>>> os.path.exists('C:\\dademiao\\file\\txt\\pi.txt')
True
>>> os.remove('C:\\dademiao\\file\\txt\\pi.txt')
>>> os.path.exists('C:\\dademiao\\file\\txt\\pi.txt')
False
>>> os.path.exists('C:\\dademiao\\temp')
True
>>> os.removedirs('C:\\dademiao\\temp')
>>> os.path.exists('C:\\dademiao\\temp')
False
```

 温馨提示

1. 针对文件,首先,我们验证了C:\dademiao\file\txt\pi.txt是否存在,然后删除了这个文件,再次验证,果然删除了。
2. 针对文件夹,首先,我们验证了C:\dademiao\temp是否存在,然后删除了这个文件夹,再次验证,果然删除了。

11.3.2 文件处理

数据都保存在一个个具体的文件中,在学了一些文件和文件夹的基本操作知识之后,我们要着重针对文件来进行讲解,当然这里的目标依然是本节开篇提到的"纯文本文件"。

首先,还是请大家恢复实操文件夹及文件。

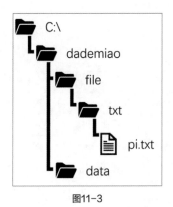

图11-3

对文件的处理，基本都是打开或者新建文件，对这个文件对象进行读、写等操作，还有关闭并保存文件内容。

1. 打开/关闭文件

首先我们需要打开文件，此处就以打开pi.txt为例。

在交互模式下敲如下代码：

看一看

```
>>> f = open('pi.txt')

Traceback (most recent call last):
  File "<pyshell#1>", line 1, in <module>
    f = open('pi.txt')
FileNotFoundError: [Errno 2] No such file or directory: 'pi.txt'
>>> import os

>>> os.chdir('C:\\dademiao\\file\\txt')

>>> f = open('pi.txt')
```

温馨提示

1. 第一次，我们使用f = open('pi.txt')会报错，原因是'pi.txt'相当于相对路径的'.\\pi.txt'，也就是要在当前程序运行目录下的pi.txt，当前运行的是IDLE的交互模式，默认的当前目录是Python解释器所在目录，很难凑巧存在一个pi.txt这样的文件在当前目录中，所以这个报错是很正常的。
2. 当我们把目录修改到'C:\\dademiao\\file\\txt'再打开，就没事了。

f = open('pi.txt')这种方式相当于，f = open('pi.txt', 'rt')也就是文本读取模式，'rt'是什么呢？就是open打开方法的模式参数。

说到参数，其实整个open方法的完整写法是：open(file, mode, buffering, encoding, errors, newline, closefd, opener)，可以看出参数非常多，目前最常用的就是file和mode，其余的可以通过help(open)来进行查阅学习。

mode参数尤为重要，也是考试重点。

记一记（考试重点）

表11-1

模式	解释
r	读取模式(默认值)，可以省略
w	写入模式，如果文件已经存在，则清空原有内容；否则创建新文件
x	写入模式，创建新文件，并打开进行写入，如果文件已经存在则抛出异常
a	写入模式，如果文件已经存在，则从文件的最后进行添加，不覆盖原有内容；否则创建新文件
b	和其他项组合、二进制模式，不允许指定encoding
t	和其他项组合、文本模式(默认值)
+	和其他项组合、更新模式(读和写)

 温馨提示

这里边最难搞定的就是组合后r+w+x+a+的区别。

我们来举个例子，看看主要参数的作用。

首先，我们在'C:\Python\Project\'下建立了一个File文件夹，在里面保存了1.txt这样的一个文件，文件内容是'Hello Python！'，除了1.txt，该文件夹下没有其他文本文件。

接着我们来看看几个主要参数的区别，所有例子都是在文件夹的初始状态下完成。

除了我们已经看到过的open方法之外，还会用到readable方法(可读状态)，writable方法(可写状态)，close方法关闭文件。

表11-2　对于存在的文件和不存在的文件，各种mode的实操结果

mode	文件存在（1.txt）		文件不存在（2.txt）	
	读	写	读	写

r	>>> f = open('1.txt', 'r')
	>>> f.readable()
	True
	>>> f.close()
	<u>正常打开且可读</u>
		>>> f = open('1.txt', 'r')
		>>> f.writable()
		False
		>>> f.close()
		<u>正常打开且不能写</u>
			f = open('2.txt', 'r')
			FileNotFoundError: [Errno 2] No such file or directory: '2.txt'
			<u>报错，没有文件或目录</u>	

r+	>>> f = open('1.tx', 'r+')
	>>> f.readable()
	True
	>>> f.close()
	<u>正常打开，可以读</u>
		>>> f = open('1.txt', 'r+')
		>>> f.writable()
		True
		>>> f.close()
		<u>正常打开，可以写</u>
			f = open('2.txt', 'r')
			FileNotFoundError: [Errno 2] No such file or directory: '2.txt'
			<u>报错，没有文件或目录</u>	

w	>>> f = open('1.txt', 'w')
	>>> f.readable()
	False
	>>> f.close()
	<u>正常打开，不能读</u>
		>>> f = open('1.txt', 'w')
		>>> f.writable()
		True
		>>> f.close()
		<u>正常打开，可以写</u>
			>>> f = open('2.txt', 'w')
			>>> f.readable()
			False
			>>> f.close()
			<u>正常打开，不能读</u>
			文件能打开的原因在于会新建一个名为2.txt的文档
			为了能继续测试，需要删掉2.txt
				>>> f = open('2.txt', 'w')
				>>> f.writable()
				True
				>>> f.close()
				<u>正常打开，可以写</u>
				文件能打开的原因在于会新建一个名为2.txt的文档
				为了能继续测试，需要删掉2.txt

mode	文件存在（1.txt）		文件不存在（2.txt）	
	读	写	读	写

w+	>>> f = open('1.txt', 'w+')
	>>> f.readable()
	True
	>>> f.close()
	<u>正常打开，可以读</u>
		>>> f = open('1.txt', 'w+')
		>>> f.writable()
		True
		>>> f.close()
		<u>正常打开，可以写</u>
			>>> f = open('2.txt', 'w+')
			>>> f.readable()
			True
			>>> f.close()
			<u>正常打开，可以写
			文件能打开的原因在于会
			新建一个名为2.txt的文档
			为了能继续测试，需要删
			掉2.txt</u>
				>>> f = open('2.txt', 'w+')
				>>> f.writable()
				True
				>>> f.close()
				<u>正常打开，可以写
				文件能打开的原因在于会
				新建一个名为2.txt的文档
				为了能继续测试，需要删
				掉2.txt</u>

x	>>> f = open('1.txt', 'x')
	FileExistsError: [Errno 17] File exists: '1.txt'
	<u>该模式打开的意思就是新建，如果文件已经存在就会报
	错</u>
			>>> f = open('2.txt', 'x')
			>>> f.readable()
			False
			>>> f.close()
			<u>可以打开，不可读
			文件能打开的原因在于会
			新建一个名为2.txt的文档
			为了能继续测试，需要删
			掉2.txt</u>
				>>> f = open('2.txt', 'x')
				>>> f.writable()
				True
				>>> f.close()
				<u>可以打开，可以写
				文件能打开的原因在于会
				新建一个名为2.txt的文档
				为了能继续测试，需要删
				掉2.txt</u>

x+	>>> f = open('1.txt', 'x+')
	FileExistsError: [Errno 17] File exists: '1.txt'
	<u>该模式打开的意思就是新建，如果文件已经存在就会报
	错</u>
			>>> f = open('2.txt', 'x+')
			>>> f.readable()
			True
			>>> f.close()
			<u>可以打开，可以读
			文件能打开的原因在于会
			新建一个名为2.txt的文档
			为了能继续测试，需要删
			掉2.txt</u>
				>>> f = open('2.txt', 'x+')
				>>> f.writable()
				True
				>>> f.close()
				<u>可以打开，可以写
				文件能打开的原因在于会
				新建一个名为2.txt的文档
				为了能继续测试，需要删
				掉2.txt</u>

a	>>> f = open('1.txt', 'a')
	>>> f.readable()
	False
	>>> f.close()
	<u>可以打开，不能读</u>
		>>> f = open('1.txt', 'a')
		>>> f.writable()
		True
		>>> f.close()
		<u>可以打开，可以写</u>
			>>> f = open('2.txt', 'a')
			>>> f.readable()
			False
			>>> f.close()
			<u>可以打开，不能读
			文件能打开的原因在于会
			新建一个名为2.txt的文档
			为了能继续测试，需要删
			掉2.txt</u>
				>>> f = open('2.txt', 'a')
				>>> f.writable()
				True
				>>> f.close()
				<u>可以打开，可以写
				文件能打开的原因在于会
				新建一个名为2.txt的文档
				为了能继续测试，需要删
				掉2.txt</u>

a+	>>> f = open('1.txt', 'a+')
	>>> f.readable()
	True
	>>> f.close()
	<u>可以打开，可以读</u>
		>>> f = open('1.txt', 'a+')
		>>> f.writable()
		True
		>>> f.close()
		<u>可以打开，可以写</u>
			>>> f = open('2.txt', 'a+')
			>>> f.readable()
			True
			>>> f.close()
			<u>可以打开，可以读
			文件能打开的原因在于会
			新建一个名为2.txt的文档
			为了能继续测试，需要删
			掉2.txt</u>
				>>> f = open('2.txt', 'a+')
				>>> f.writable()
				True
				>>> f.close()
				<u>可以打开，可以写
				文件能打开的原因在于会
				新建一个名为2.txt的文档
				为了能继续测试，需要删
				掉2.txt</u>

在实际管理文件的时候，推荐with关键字，可以有效地避免漏写close步骤的情况。

记一记

表11-3

内容	解释
open()	打开文件
close()	把缓冲内容写入文件并关闭
flush()	把缓冲内容写入文件不关闭
read([size])	读取文件中size个字符的内容作为返回结果，缺省size则返回整个内容
readline()	从文本中读取一行内容作为结果返回
readlines()	把文本中的每一行内容作为一个字符串存入列表中返回
write(str)	把字符串写入文件中
writelines(str)	把字符串列表写入文件中
tell()	当前指针所在位置
seekable()	返回文件是否支持随机访问，如果不支持，则seek(),tell()等方法会报错
seek(cookie, [whence])	cookie，你要移动的字符数， 可选参数whence： 0从头开始，向后偏移，cookie应该≥0 1从当前位置开始，可前可后，cookie可能是负数 2从尾开始，可以向前，所以通常cookie是负数

2. 最佳实践打开文件的方式

实际开发中，读写文件优先使用关键字with，关键字with可以自动管理资源，不论因为什么原因跳出with块，总能保证文件被正常关闭。

在交互模式下敲如下代码：

看一看

```
>>> with open('C:\\Python\\Project\\File\\pi.txt', 'r') as f:
    print(f.read())


3.14159265358979323846264338327 9
```

```
------------------------华丽的分割线--------------------
>>> f = open('C:\\Python\\Project\\File\\pi.txt', 'r')
>>> print(f.read())
3.141592653589793238462643383279
>>> f.close()
```

温馨提示

上下效果一样，但是使用with关键字，就不用总想着文件有没有关闭了。

在做读取增加内容之前，我们先在txt目录下，保存一个文本文件text.txt，内容如下：

看一看

视频提供了功能强大的方法帮助证明您的观点。

当单击联机视频时，可以在想要添加的视频的嵌入代码中进行粘贴。

您也可以键入一个关键字以联机搜索最适合文档的视频。

为使文档具有专业外观，Word 提供了页眉、页脚、封面和文本框设计，这些设计可互为补充。

例如，您可以添加匹配的封面、页眉和提要栏。

单击"插入"，然后从不同的库中选择所需元素。

主题和样式也有助于文档保持协调。

当您单击设计并选择新的主题时，图片、图表或 SmartArt 图形将会更改以匹配新的主题。

当应用样式时，您的标题会进行更改以匹配新的主题。

使用在需要位置出现的新按钮在 Word 中保存时间。

温馨提示

这是有10句话的文本文件。

3. 读取内容

我们知道读取现有文件可以做到的mode有r/r+/w+/a+，但是w+会删除现有内容，所以读取内容为空；a+会将指针指向文件最后，所以读取内容为空，因此我们尝试一下r/r+。

在交互模式下敲如下代码：

看一看

```
>>> with open('C:\\Python\\Project\\File\\text.txt', 'r') as f:
    print(f.read())


答得喵提供了功能强大的方法帮助您证明自己的观点。
当您单击联机答得喵时，可以在想要添加的答得喵的嵌入代码中进行粘贴。
您也可以键入一个关键字以联机搜索最适合自己文档的答得喵。
```

为使文档具有专业外观，Word 提供了页眉、页脚、封面和文本框设计，这些设计可互为补充。

例如，可以添加匹配的封面、页眉和提要栏。

单击"插入"，然后从不同的库中选择所需元素。

主题和样式也有助于文档保持协调。

当您单击设计并选择新的主题时，图片、图表或 SmartArt 图形将会更改以匹配新的主题。

当应用样式时，标题会进行更改以匹配新的主题。

使用在需要位置出现的新按钮在 Word 中保存时间。

```
>>> with open('C:\\Python\\Project\\File\\text.txt', 'r+') as f:
    print(f.read())
```

答得喵提供了功能强大的方法帮助您证明自己的观点。

当单击联机答得喵时，可以在想要添加的答得喵的嵌入代码中进行粘贴。

您也可以键入一个关键字以联机搜索最适合自己文档的答得喵。

为使您的文档具有专业外观，Word 提供了页眉、页脚、封面和文本框设计，这些设计可互为补充。

例如，添加匹配的封面、页眉和提要栏。

单击"插入"，然后从不同库中选择所需元素。

主题和样式也有助于文档保持协调。

当您单击设计并选择新的主题时，图片、图表或 SmartArt 图形将会更改以匹配新的主题。

当应用样式时，您的标题会进行更改以匹配新的主题。

使用在需要位置出现的新按钮在 Word 中保存时间。

 温馨提示

可以看到两者效果一样。

　　这种简单粗暴的read方法，还可以有个可选参数size，如果是负数或者为空，则读取整个文件，否则读取指定size大小的数据，其余的还有readline和readlines。

　　在交互模式下敲如下代码：

看一看

```
>>> with open('C:\\Python\\Project\\File\\text.txt') as f:
    f.readline()
```

'答得喵提供了功能强大的方法帮助您证明自己的观点。\n'

 温馨提示

1. 省略了mode参数就是使用默认'rt'。
2. readline是读取一行内容，按照我们的写法是读取第一行内容。

　　在交互模式下敲如下代码：

看一看

```
>>> with open('C:\\Python\\Project\\File\\text.txt') as f:
    f.readlines()
```

['答得喵提供了功能强大的方法帮助您证明自己的观点。\n', '当单击联机答得喵时, 可以在想要添加的答得喵的嵌入代码中进行粘贴。\n', '您也可以键入一个关键字以联机搜索最适合自己文档的答得喵。\n', '为使您的文档具有专业外观, Word 提供了页眉、页脚、封面和文本框设计, 这些设计可互为补充。\n', '例如, 添加匹配的封面、页眉和提要栏。\n', '单击"插入", 然后从不同库中选择所需元素。\n', '主题和样式也有助于文档保持协调。\n', '当您单击设计并选择新的主题时, 图片、图表或 SmartArt 图形将会更改以匹配新的主题。\n', '当应用样式时, 您的标题会进行更改以匹配新的主题。\n', '使用在需要位置出现的新按钮在 Word 中保存时间。']

 温馨提示

readlines把每行文本作为字符串放到列表里, 这个方法对于处理文本非常重要。

4. 增加/写入内容

写入的方法有write和writelines, 我们分别来尝试一下。

我们尝试把pi.txt的内容写入到text.txt中, 在可以写入的mode中, a是用于增加的, 我们后续需要读取检查结果, 所以要用a+的方式打开。

在交互模式下敲如下代码:

看一看

```
>>> with open('C:\\Python\\Project\\File\\text.txt', 'a+') as ftext, open('C:\\
Python\\Project\\File\\pi.txt') as fpi:
    ftext.write(fpi.read())
    ftext.seek(0, 0)
    print(ftext.read())
```

```
32
0
答得喵提供了功能强大的方法帮助您证明自己的观点。
当单击联机答得喵时, 可以在想要添加的答得喵的嵌入代码中进行粘贴。
您也可以键入一个关键字以联机搜索最适合自己文档的答得喵。
为使您的文档具有专业外观, Word 提供了页眉、页脚、封面和文本框设计, 这些设计可互为补充。
例如, 您可以添加匹配的封面、页眉和提要栏。
单击"插入", 然后从不同库中选择所需元素。
主题和样式也有助于文档保持协调。
当您单击设计并选择新的主题时, 图片、图表或 SmartArt 图形将会更改以匹配新的主题。
当应用样式时, 您的标题会进行更改以匹配新的主题。
使用在需要位置出现的新按钮在 Word 中保存时间。3.1415926535897932384626643383279
```

　　假设我们希望把pi.txt的值截取小数点后5位，新增文档newpi.txt，并把数据保存在这个文件下。如果文件已经存在就报错，此时，我们需要用的mode是x+，因为x会在文件已存在的时候报错，而同样具有写入功能的w和a，在文件已经存在的情况下，分别会采取清空旧内容以及在后面增加内容的方式而不会报错。

看一看

```
>>> with open('C:\\Python\\Project\\File\\newpi.txt', 'x+') as fnewpi,
open('C:\\Python\\Project\\File\\pi.txt') as fpi:
    newpi = fpi.read()[0:7]
    fnewpi.write(newpi)
    fnewpi.seek(0, 0)
    print(fnewpi.read())



7
0
3.14159
```

　　我们再做第三个，把text.txt的单数行（1，3，5，7，9）写入到新文件newtext.txt中，如果该文件已经存在，覆盖已有内容，否则要新建文件。

看一看

```
>>> with open('C:\\Python\\Project\\File\\newtext.txt', 'w+') as fnew,
open('C:\\Python\\Project\\File\\text.txt') as ftext:
    list_text = ftext.readlines()
    list_newtext = []
    for i in range(0, len(list_text) - 1 , 2):
        list_newtext.append(list_text[i])
    fnew.writelines(list_newtext)
    fnew.seek(0,0)
```

```
print(fnew.read())
```

0

答得喵提供了功能强大的方法帮助您证明自己的观点。

您也可以键入一个关键字以联机搜索最适合自己文档的答得喵。

例如，添加匹配的封面、页眉和提要栏。

主题和样式也有助于文档保持协调。

当应用样式时，您的标题会进行更改以匹配新的主题。

 温馨提示

1. 此处，借助了列表的方法，所以先把text.txt中的内容读取到列表list_text中。
2. 然后通过for循环，把单数行的内容（列表序号为0，2，4，6，8）的内容写入到列表list_newtext中。
3. 把列表list_newtext用writelines的方式写入到新文件中。
4. 第1个结果0，因为把新文件的指针偏移到文件开始的地方。
5. 第2个结果，文字恰好是单数行。

11.4 判断题

1. 打开文件需要通过内建函数open()。
2. 文件使用结束后，要用close()方法关闭。
3. Python对文件的写操作的方法中有writetext。
4. Python对文件的读操作的方法中有readtext。
5. eval('''dademiao''')与eval('dademiao')结果相同。
6. 文件打开模式'c'代表copy，就是复制打开。
7. txt = 'da1+6demiao'; print(eval(txt[2:-6]))输出的结果1+6文本文件不能用二进制方式读入。
8. file = open("dademiao.csv","r") 能读取dademiao.csv文件。
9. print(100 * False > -1)输出为False。
10. w代表用只读模式打开文件。
11. a表示追加方式打开文件，会删除已有内容。
12. print(eval("1" + "1"))的结果是11(对)。
13. print(eval('50/10'))的结果是5.0(对)。
14. open()只能打开已经存在的文件。

答案以及解释请扫二维码查看。

手机扫一扫，
查看相关扩展内容

12
Chapter

数据组织

数据组织属于进阶发展必然会碰到的知识点，会考到一些概念。

学习时长：这部分内容对我们这本书的定位来说，有点高，建议大家简单了解，建议学习1小时。

数据在处理前需要进行一定的组织，为了表明数据之间的基本关系和逻辑，进而形成了数据维度的概念，可以分成一维数据、二维数据和高维数据。

12.1　一维数据

一维数据对应于数学的数组概念，比如彩虹的颜色列表：赤、橙、红、绿、青、蓝、紫可以看作一维数据。

一维数据在Python中主要采用列表形式表示。

在交互模式式下敲如下代码：

看一看

```
>>> color = ['赤', '橙', '红', '绿', '青', '蓝', '紫']
>>> print(color)
['赤', '橙', '红', '绿', '青', '蓝', '紫']
>>>
```

 温馨提示

用列表的方式存储彩虹七色。

12.1.1　一维数据文件存储

一维数据中有多个元素，所以在进行文件存储的时候，需要考虑采用特殊字符分隔各数据。常见的有空格、逗号、换行、分号等。

其中逗号分隔的存储格式为CSV，是一种通用的、简单的文件格式被广泛应用，Excel对CSV也有良好的支持。

练习敲如下代码，并保存为12_1.py。

练一练

```
color = ['赤', '橙', '红', '绿', '青', '蓝', '紫']
f = open('color.csv', 'w', encoding='utf-8')
f.write(','.join(color) + '\n')
f.close()
```

 温馨提示

1. 把一维数据存储到文件的实例。
2. 在写入文件之前，用逗号把列表拼接成字符串，然后加上换行符。

脚本目录下运行完成后，应该存在有color.csv文件，用记事本打开之后，就可以看到如图所示：

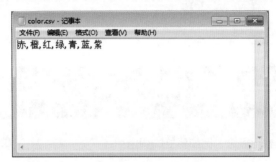

图12-1 color.csv

12.1.2 一维数据文件读取

以刚才写好的文件color.csv为例，如何把内容以列表的形式读取出来？

练习敲如下代码，并保存为12_2.py。

练一练

```
f = open('color.csv', 'r', encoding='utf-8')
color = f.read().strip('\n').split(',')
f.close()
print(color)
```

温馨提示

1. 读取内容之后，对内容先做了去掉换行符的处理，然后把字符串以逗号为记切割成列表。

2. 打印输出的结果应该是：['赤', '橙', '红', '绿', '青', '蓝', '紫']。

12.2 二维数据

二维数据由两个及以上维度的数据组成，一维数据如果我们看作是一行，那么二维就引入了列的概念，这点和数据库表相似。

二维数据也可以用列表来表示。

在交互模式下敲如下代码：

看一看

```
>>> employee = [
    ['大田', '男', '18'],
    ['中田', '女', '17']
    ]
```

```
>>> print(employee)
[['大田', '男', '18'], ['中田', '女', '17']]
```

 温馨提示

用二维数据存储员工数据的案例。

12.2.1　二维数据文件存储

　　二维数据有多个维度，所以对比一维数据，在进行文件存储的时候，需要考虑把多行一维数据依次进行存储。

　　练习敲如下代码，并保存为12_3.py。

练一练

```
employee = [['大田', '男', '18'], ['中田', '女', '17']]
f = open('employee.csv', 'w', encoding='utf-8')
for row in employee:
    f.write(','.join(row) + '\n')
f.close()
```

 温馨提示

1.　把二维数据存储到文件的实例。
2.　使用in的方式遍历列表中所有一维数据，把数据个元素用逗号拼接成字符串并加上换行符。

　　脚本目录下运行完成后，应该存在有employee.csv文件，用记事本打开之后，应该可以看到如图所示内容：

图12-2　employee.csv

12.2.2　二维数据文件读取

　　以刚才写好的文件employee.csv为例，如何把文件内容以列表的形式读取出来？

　　练习敲如下代码，并保存为12_4.py。

练一练

```python
f = open('employee.csv', 'r', encoding='utf-8')
employee = []
for record in f:
    employee.append(record.strip('\n').split(','))
f.close()
print(employee)
```

💡 **温馨提示**

1. 遍历文件中的所有行，对于每一行进行去换行符的操作，并以逗号为记转换成列表。
2. 输出的结果是：[['大田', '男', '18'], ['中田', '女', '17']]。

12.3　高维数据

　　高维数据由键值对的数据构成，采用对象的方法组织，可以多层嵌套衍生出HTML、XML、JSON等具体的数据类型，常用于互联网。

　　以JSON来说，冒号（:）形成一个键值对；逗号（,）分隔键值对；中括弧([])组织各键值对成为一个整体。

　　JSON数据示例：

看一看

```json
"text": [
        "\u7530 \u5927",
        "\u7530 \u5927",
        "3",
        "2019-04-08T02:03:00Z",
        "2019-04-08T02:17:00Z"
],
"tag": [
        "title",
        "subject",
        "revision",
        "created",
        "modified"
  ]
```

💡 **温馨提示**

JSON数据格式示例。

12.4 判断题

1. 一维数据采用线性方式组织，对应数学中的数组和集合等概念。
2. 二维数据采用表格方式组织，对应数学中的矩阵。
3. 字典类型用于表示一维和二维数据。
4. 序列是二维的。
5. 字典不可以表示二维以上的高维数据。

答案以及解释请扫二维码查看。

手机扫一扫，
查看相关扩展内容

13

Chapter

错误与异常的处理

软件遇到错误崩溃时，能够捕捉到并处理好，是提升用户体验非常重要的环节。

学习时长：建议6小时，仔细练习每个案例。

再完美的程序，也有可能会出错，就连比尔·盖茨都说过，他的电脑也一样会发生蓝屏。所以先不说我们的程序本身可能就不完美，就算我们设计得再完美，也无法预知用户会如何不按套路出牌，从而导致程序出现错误与异常。

程序一旦出现错误与异常，通常都会导致一些不太友好的界面，比如：Windows系统的蓝屏，这将会让我们的工作成果在用户心目中大打折扣。

在此，我们先了解两个概念，就是错误与异常。

● **错误：** 从软件方面来说，是语法或是逻辑上的。语法错误只是软件结构上有错误，导致不能被解释器解释或者编译器无法编译。这些错误必须在程序执行前被纠正。

当程序的语法正确，剩下的就是逻辑错误了。逻辑错误可能是由于不完整或是不合法的输入所致，还可能是所设计的逻辑无法生成、计算、或是输出期待的结果。

当Python检测到一个错误时，解释器会指出当前流已经无法继续执行下去，这个时候就抛出异常。

● **异常：** 对异常最好的描述是：它是因为程序出现了错误而采取的在正常控制流以外的行为。这个行为又分为两个阶段：首先是引起异常发生的错误，然后是检测和采取可能的措施阶段。

错误与异常既然在所难免，我们就有必要做些什么，这就是Python为我们提供的异常处理机制的使命。

13.1 举个例子

比如说，我们明明知道除数不能为0，但是用户就要这么输入，从而导致的错误。

看一看

```
>>> 1 / 0
Traceback (most recent call last):
  File "<pyshell#0>", line 1, in <module>
    1 / 0
ZeroDivisionError: division by zero
```

 温馨提示

1. 1/0，0不能作为被除数，所以这个操作会被当做错误，并返回一条错误消息（Traceback）。
2. ZeroDivisionError：就是当前错误的异常类，翻译过来就是0作除数的错误异常，现在这段代码所犯错误就相当于ZeroDivisionError异常类里面的一个实例。

13.2 有哪些异常类

除了ZeroDivisionError错误的异常类之外，还有哪些异常的类呢？我们在过往的练一练中见到过一些。

记一记

表13-1 常见异常类

内容	解释
Exception	所有异常类均由此派生得来
SyntaxError	代码语法错误
TypeError	适用类型不正确的对象时报错
AttributeError	引用了不存在的方法或属性赋值失败时
NameError	找不到名称/变量时
IndexError	使用了序列中不存在的索引时（LookupError的子类）
KeyError	当键不存在时（LookupError的子类）
ZeroDivisionError	0不能当除数的错误（ArithmeticError的子类）
FileNotFoundError	文件找不到(OSError的子类)

 温馨提示

在刚开始的时候，我们经常会见到异常类型并不多。

我们还是有必要陈列一下完整异常类的结构。

看一看

```
+-- Exception
    +-- StopIteration
    +-- StopAsyncIteration
    +-- ArithmeticError
    |    +-- FloatingPointError
    |    +-- OverflowError
    |    +-- ZeroDivisionError
    +-- AssertionError
    +-- AttributeError
    +-- BufferError
    +-- EOFError
    +-- ImportError
    +-- LookupError
    |    +-- IndexError
    |    +-- KeyError
```

```
+-- MemoryError
+-- NameError
|     +-- UnboundLocalError
+-- OSError
|     +-- BlockingIOError
|     +-- ChildProcessError
|     +-- ConnectionError
|     |      +-- BrokenPipeError
|     |      +-- ConnectionAbortedError
|     |      +-- ConnectionRefusedError
|     |      +-- ConnectionResetError
|     +-- FileExistsError
|     +-- FileNotFoundError
|     +-- InterruptedError
|     +-- IsADirectoryError
|     +-- NotADirectoryError
|     +-- PermissionError
|     +-- ProcessLookupError
|     +-- TimeoutError
+-- ReferenceError
+-- RuntimeError
|     +-- NotImplementedError
|     +-- RecursionError
+-- SyntaxError
|     +-- IndentationError
|            +-- TabError
+-- SystemError
+-- TypeError
+-- ValueError
|     +-- UnicodeError
|            +-- UnicodeDecodeError
|            +-- UnicodeEncodeError
|            +-- UnicodeTranslateError
+-- Warning
      +-- DeprecationWarning
      +-- PendingDeprecationWarning
      +-- RuntimeWarning
      +-- SyntaxWarning
      +-- UserWarning
      +-- FutureWarning
      +-- ImportWarning
      +-- UnicodeWarning
      +-- BytesWarning
             +-- ResourceWarning
```

当然，如果你觉得这些还是不够用，还可以自己创建异常类，当然这些类继承Exception或其子类。代码往往如下：

class SomeCustomException(Exception): pass

13.3　检测和处理异常

检测和处理异常的过程大致是，尝试运行代码（try），如果代码发生错误就尝试捕捉（except），捕捉到了进行对应的处理。如果对所发生的错误没有捕捉到对应的异常类，那就让程序报错，如果代码没问题，且有else可以运行else里的代码，最终如有finally无论如何都会运行finally里面的内容。

在做异常处理的时候，我们需要有一个良好的心理准备，异常处理不是万能的。原因很简单，因为异常处理本身也是代码，也会发生异常。

13.3.1　try…except…

这是最简单的异常处理结构，其中try中包含可能引发异常的语句（不要放太多的代码在try中，应该只把真的可能会引发异常的代码放到里面），except用于捕捉异常。处理的流程是：如果try中的异常被except捕捉到了，则执行except的代码块，如果没有被except捕捉到，则程序会把错误报到外层，如果所有层都捕捉不到，则程序会崩溃，显示错误信息给用户。

练习敲如下代码，并保存为13_1.py。

练一练

```
try:
    num1 = int(input("请输入被除数："))
    num2 = int(input("请输入除数："))
    print(num1 / num2)
except ZeroDivisionError:
    print("除数不能为0")
```

 温馨提示

我们做了一个用户交互程序，让用户输入数据进行除法运算，并反馈结果。

让我们看看运行效果。

看一看

```
#第1次
请输入被除数: 1
请输入除数: 2
0.5
#第2次
请输入被除数: 1
请输入除数: 0
除数不能为0
#第3次
请输入被除数: 1
请输入除数: r
Traceback (most recent call last):
  File "C:/Users/Mr_Da/OneDrive/文档/Coding/Python/Book/EX12_1.py", line 3, in
<module>
    num2 = int(input("请输入除数: "))
ValueError: invalid literal for int() with base 10: 'r'
```

 温馨提示

1. 第1次运行，用户按照套路出牌，得出正确结果。
2. 第2次运行，用户没有按照套路出牌，但是错误被捕捉，所以返回了错误处理信息。
3. 第3次运行，用户没有按照套路出牌，而且异常没有被捕捉到，所以程序崩溃，直接返回Traceback。

可以看出，我们只设计捕捉一种异常往往是不够的，当然后面我们会讲到如何同时捕捉多个异常。在我们平时使用软件的过程中，我们会发现有时候系统会提示我们，"出现了程序错误，请联系管理员"，但并不会告诉我们具体错误是什么，也就是忽略了具体错误的类型，只是给到统一的回复，这是怎么做到的呢？

练习敲如下代码，并保存为13_2.py。

练一练

```
try:
    num1 = int(input("请输入被除数: "))
    num2 = int(input("请输入除数: "))
    print(num1 / num2)
except Exception:
    print("出现了程序错误，请联系管理员。")
```

 温馨提示

我们只改变了一行代码except Exception: 也就是用了所有异常的父类，不再捕捉具体的错误类别，有些编辑器会提示我们Toobroad exception，也就是异常类型太广范了，实际上这确实不利于我们排查具体问题。

我们来看看效果：

```
#第1次
请输入被除数：1
请输入除数：0
出现了程序错误，请联系管理员。
#第2次
请输入被除数：1
请输入除数：r
出现了程序错误，请联系管理员。
```

 温馨提示

我们可以看到，结果就是，第1次和第2次，用户的输入有不同类型的错误，但是我们都捕捉到了，并返回了一个并不太友好的"出现了程序错误，请联系管理员"。

13.3.2 多个except

刚才我们虽然能够做到一条except就捕捉用户的所有错误，虽然我们并不知道具体错哪里了，就以刚才的案例来说，用户要么会发生ZeroDivisionError，要么会发生ValueError，其余的概率不大，此时很有必要优化一下。

练习敲如下代码，并保存为13_3.py。

练一练

```
try:
    num1 = int(input("请输入被除数："))
    num2 = int(input("请输入除数："))
    print(num1 / num2)
except ZeroDivisionError:
    print("除数不能为0")
except ValueError:
    print("输入的值有误")
```

温馨提示

第1个except捕捉ZeroDivisionError；第2个except捕捉ValueError。

运行一下，看看效果：

看一看

```
#第1次
```

```
请输入被除数: 1
请输入除数: 0
除数不能为0
#第2次
请输入被除数: 1
请输入除数: r
输入的值有误
```

 温馨提示

第1次和第2次的不同类型的错误都被完美处理了。

既然两者都是输入错误，我们可以做个小小的简化。

练习敲如下代码，并保存为13_4.py。

练一练

```python
try:
    num1 = int(input("请输入被除数: "))
    num2 = int(input("请输入除数: "))
    print(num1 / num2)
except (ZeroDivisionError, ValueError):
    print("输入有误: 除数不能为0/输入的值有误")
```

 温馨提示

1. 我们可以只用一条except语句，把多个错误类型做成元组。
2. 错误提示信息肯定得做对应的优化，比如："输入有误: 除数不能为0/输入的值有误"。

试试效果

看一看

```
#第1次
请输入被除数: 1
请输入除数: 0
输入有误: 除数不能为0/输入的值有误
#第2次
请输入被除数: 1
请输入除数: r
输入有误: 除数不能为0/输入的值有误
```

 温馨提示

两种错误都被抓到，并反馈了优化过的信息。

13.3.3 try···except···else

如果我们的程序运行正常，没有任何报错，那么，在没有遇到任何错误的情况下，你希望运行些什么的时候，就需要else。

练习敲如下代码，并保存为13_5.py。

练一练

```
try:
    num1 = int(input("请输入被除数: "))
    num2 = int(input("请输入除数: "))
    print(num1 / num2)
except (ZeroDivisionError, ValueError):
    print("输入有误: 除数不能为0/输入的值有误")
else:
    print("你成功啦! ")
```

 温馨提示

增加了如果没有异常错误的语句else。

看看效果

看一看

```
请输入被除数: 1
请输入除数: 2
0.5
你成功啦!
```

 温馨提示

我们可以看到除了正常地输出结果之外，还输出了"你成功啦! "

大家可能会觉得加else有点无聊，其实else是有用的。比如，同样还是这个除法，如果用户输入错误，就重复运行，直到用户输入不发生错误为止，此时就可以依赖else和循环来做。

练习敲如下代码，并保存为13_6.py。

练一练

```
while True:
    try:
        num1 = int(input("请输入被除数: "))
        num2 = int(input("请输入除数: "))
        print(num1 / num2)
```

```
    except (ZeroDivisionError, ValueError):
        print("输入有误: 除数不能为0/输入的值有误")
    else:
        break
```

 温馨提示

如果程序运行正常，没有出现错误，else会帮你退出循环。

看看效果

看一看

```
请输入被除数: 1
请输入除数: 0
输入有误: 除数不能为0/输入的值有误
请输入被除数: 1
请输入除数: r
输入有误: 除数不能为0/输入的值有误
请输入被除数: 1
请输入除数: 2
0.5
```

 温馨提示

直到输入正确的内容，才会返回结果并停止。

13.3.4 finally

每个try都可以配1个finally子句[1]，finally子句里面的内容，无论是否有异常（如果有异常，则无论异常是否被捕捉到），都会执行。用于资源释放，文件关闭保存等。

练习敲如下代码，并保存为13_7.py。

练一练

```
while True:
    try:
        num1 = int(input("请输入被除数: "))
        num2 = int(input("请输入除数: "))
        print(num1 / num2)
```

---
1 考点

```
    except (ZeroDivisionError, ValueError):
        print("输入有误：除数不能为0/输入的值有误")
else:
    break
finally:
    print("我是finally")
```

 温馨提示

我们在刚才的案例基础上增加了finally子句。

看看效果

看一看

```
请输入被除数: 1
请输入除数: 0
输入有误：除数不能为0/输入的值有误
我是finally
请输入被除数: 1
请输入除数: r
输入有误：除数不能为0/输入的值有误
我是finally
请输入被除数: 1
请输入除数: 2
0.5
我是finally
```

 温馨提示

每次finally的子句都会被运行，无论输入错误还是正确。

13.4　判断题

1. 异常和错误是一样的。
2. try、except 保留字可以提供异常处理功能。
3. 用户输入的数据不合规，从而导致的程序出错，为了不让程序异常中断，可以使用 try、except语句。
4. ZeroDivisionError是一个变量未命名错误。

答案以及解释请扫二维码查看。

14
Chapter

PYTHON计算生态庞大的第三方库

程序员经常会说不要重复做轮子，Python强大的生态，帮我们做好了很多轮子。

学习时长：本章的内容在二级考试的时候会碰到，MTA没有涉及，但要想用好Python确实离不开第三方库。建议学习5小时。

Python积累了大量可以反复用的资源，避免大家都去重复"造轮子"，这样有利地支撑了Python的高速发展，形成"计算生态"，在https://pypi.org/中，列出了十几万个Python的第三方库，体现了Python计算生态的强大。

第三方库由全球各行业专家、工程师和爱好者开发，区别于随着Python一起安装的标准库，第三方库需要通过额外的安装来使用。

在Python3.5.3 documentation（文档）里面的Installing Python Modules（安装Python模块）内，有关于安装第三方库的介绍。

其中在Keyterms（关键术语）第一条里面提到：pip是首选的安装程序。其实我们在搭建环境里面也会看到pip是默认勾选要安装的。

注意：pip 有时会因为网络问题而崩溃，一次安装不成可以反复安装一下。

我们需要在Windows系统的命令提示符程序中进行安装，下表列出了安装的会用到的命令。

记一记

表14-1

内容	解释
安装模块的最新版本 此处以SomePackage为例	命令： python -m pip install SomePackage 或 pip install SomePackage
安装指定版本的模块	命令： python -m pip install SomePackage==version 或 pip install SomePackage==version
安装不低于某一版本的模块	命令： python -m pip install "SomePackage>=version" 或 pip install "SomePackage>=version"
升级模块	命令： python -m pip install --upgrade SomePackage 或 pip install --upgrade SomePackage
删除模块	命令： python -m pip uninstall SomePackage 或 pip uninstall SomePackage
获取pip帮助	pip -h
获取系统已经安装的第三方库	pip list
显示某个第三方库的详细信息	pip show 模块名
查找包含某个词的库	pip search 单词

温馨提示

各种安装的命令，都已经陈列出来了。

看个具体例子吧：

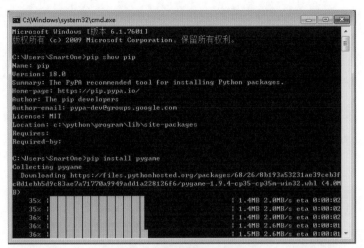

图14-1 命令提示符中用pip

第一个命令：pip show pip是显示pip的详细信息，pip本身也是第三方库。这个命令，也可以用户查看别的第三方库，比如：pip show pyinstaller查看pyinsaller的详细信息。

第二个命令：pip install pygame 是安装第三方库pygame，如果安装后希望删除，可以使用pip uninstall pygame，如果pygame有新版本，可以使用pip install --upgrade pygame。

接下来，让我们用一些案例来看看安装第三方库。

14.1 安装PYINSTALLER库

这个库有点重要，可以把我们的py脚本变成可执行程序。让程序可以在没有安装Python的环境中运行。

要使用PyInstaller，首先要进行安装。

看一看

```
C:\>pip install PyInstaller
```

 温馨提示

在命令提示符下，输入命令pip install PyInstaller，再按回车键，就可以开示安装PyInstaller了。

14.1.1 打包程序

我们现在示范打包一个程序，在14章目录下有一个star.py用于画闪闪红星的程序，我们来尝试将其打包。

在命令提示符下，在需要打包程序所在的目录中输入命令pyinstaller star.py，然后就会看到程序开始打包了。

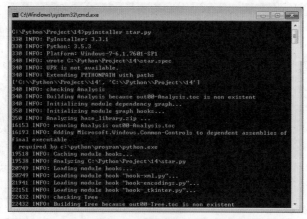

图14-2　开始打包star.py

图14-3　打包完成

原程序目录下，出现了两个文件夹dist和build，build目录是pyinstaller存储临时文件目录，可以安全删除。最终打包好的程序在dist内部与源文件同名的目录中。

该目录下有很多文件，其中你会发现有个文件名star.exe就是可执行文件，其余文件是可执行文件的动态链接库。

图14-4　打包好的文件

我们可以加个参数，把命令变成pyinstaller -F star.py，你会发现在dist目录下出现了star.exe，没有任何依赖的库，执行就可以看到画了个闪闪红星。

常用的参数有：

记一记

表14-2

内容	解释
-h	查看帮助
--clean	清理打包过程中的临时文件
-D	默认值，生成dist目录
-F	在dist文件夹中只生成独立的打包文件
-i <图标文件名.ico>	指定打包程序使用的图标（icon）文件

14.2 安装JIEBA库

要对中文进行分析，需要把中文语句拆分成词，jieba（"结巴"）就是Python中一个重要的第三方中文分词程序，jieba能够将一段中文文本分割成中国词语的列表。

第一步，先安装jieba。

看一看

```
c:\>pip install jieba
```

 温馨提示

在命令提示符下，通过命令pip install jieba安装jieba库。

14.2.1 分词实践

让我们在交互模式下，尝试分词。

看一看

```
Python 3.5.3 (v3.5.3:1880cb95a742, Jan 16 2017, 15:51:26) [MSC v.1900 32 bit
(Intel)] on win32
Type "copyright", "credits" or "license()" for more information.
>>> import jieba
>>> jieba.lcut("答得喵微软MTA认证考试中心")
Building prefix dict from the default dictionary ...
```

```
Loading model from cache C:\Users\SmartOne\AppData\Local\Temp\jieba.cache
Loading model cost 3.685 seconds.
Prefix dict has been succesfully.
['答得', '喵', '微软', 'MTA', '认证', '考试', '中心']
>>>
```

 温馨提示

1. 导入安装好的jieba库import jieba。
2. jieba.lcut("答得喵微软MTA认证考试中心")，对"答得喵微软MTA认证考试中心"进行精确模式分词。

我们会发现，答得喵品牌被分成了'答得', '喵'，这是因为答得喵还没有在词库中，我们需要先把这个词加入词库，然后再进行分词即可。

看一看

```
>>> import jieba
>>> jieba.add_word("答得喵")
Building prefix dict from the default dictionary ...
Loading model from cache C:\Users\SmartOne\AppData\Local\Temp\jieba.cache
Loading model cost 3.725 seconds.
Prefix dict has been succesfully.
>>> jieba.lcut("答得喵微软MTA认证考试中心")
['答得喵', '微软', 'MTA', '认证', '考试', '中心']
>>>
```

 温馨提示

jieba.add_word("答得喵")，分词函数add_word可以像分词词典中增加新词，此处增加了"答得喵"。

常用的分词函数总结如下：

记一记

表14-3

内容	解释
jieba.lcut(s)	精确模式对语句s分词，返回列表
jieba.lcut(s, cut_all=True)	全模式对语句s分词，返回列表
jieba.lcut_for_search(s)	搜索引擎模式分词，返回列表
jieba.add_word(w)	向分词词典中增加新词w

 温馨提示

以上是二级必须了解的，MTA不会考察jieba相关内容。

14.3 安装WORDCLOUD库

词云图在大数据领域应用非常广泛，Python专门有一个第三方库wordcloud来做词云图。

有的第三方库，在安装的时候依赖相应版本的C/C++，wordcloud库就是这样。

若没有安装，运行pip install wordcloud，你会发现error: Microsoft Visual C++ 14.0 is required。

Visual C++ builder安装文件请自行搜索，点击安装完毕，就可以顺利安装WordCloud。

看一看

```
C:\Users\SmartOne>pip install wordcloud
Collecting wordcloud
  Using cached https://files.pythonhosted.org/packages/d4/95/
d260ce89441d1f28192
fa5a0a016f547829517b11cabe0079ab91c56f6cd/wordcloud-1.5.0.tar.gz
Requirement already satisfied: numpy>=1.6.1 in c:\python\program\lib\site-packag
es (from wordcloud) (1.15.1)
Requirement already satisfied: pillow in c:\python\program\lib\site-packages (fr
om wordcloud) (5.2.0)
Installing collected packages: wordcloud
  Running setup.py install for wordcloud ... done
Successfully installed wordcloud-1.5.0
```

 温馨提示

看到"Successfully installed wordcloud"就知道安装成功了。

14.3.1 英文词云实践

Wordcloud默认会以空格或者标点为分隔符对目标文本进行分词。此处我们以对一段英文做词云图为例，来展示wordcloud的用法。

练习敲如下代码，并保存为14_1.py。

练一练

```python
from wordcloud import WordCloud
txt = 'I am Handy, I want to provide handy service to people.'
word_cloud = WordCloud().generate(txt)
word_cloud.to_file('my_first_pic.png')
```

 温馨提示

1. 第一行，导入wordcloud。

2. 第二行，给定文本。

3. 第三行，根据文本生成词云并赋值给变量word_cloud。

4. 第四行，将词云word_cloud保存为图片。

每次生成的词云会略有不同。

图14-5 词云效果

由上可知，对于WordCloud，我们需要掌握的方法有两个，如下表所示：

记一记

表14-4

内容	解释
generate(text)	根据text生成词云
to_file(filename)	将词云保存成名为filename的文件

温馨提示

这两个方法必须记得[1]，二级会考，MTA无。

刚才生成图片的效果，可以通过为Wordcloud()增加可选参数来改变。

记一记

表14-5

内容	解释
font_path	指定字体文件的完整路径，默认None
width	生成图片的宽度，默认400像素
height	生成图片的高度，默认200像素
mask	词云图的形状，默认为None为方形
min_font_size	词云中最小字体字号，默认4号
max_font_size	词云中最大字体字号，默认为None，根据高度自动调节
font_step	字号增加间隔，默认1

---

1 二级考点

内容	解释
max_words	词云中最大词数，默认200
stopwords	要屏蔽的词列表，需要用集合的方式来体现
background_color	图片背景颜色，默认黑色

 温馨提示

以上是我们常用到，用于修改词云图效果的参数。

比如，刚才生成的图片是彩色的，如果需要打印黑白的，相信看起来效果不明显，让我们演示一下如何修改，例如我们要把图片底色修改成白色，再把people和provide作为需要屏蔽的词，该如何做呢？

练习敲如下代码，并保存为14_2.py。

练一练

```python
from wordcloud import WordCloud
txt = 'I am Handy, I want to provide handy service to people.'
word_cloud = WordCloud(background_color='white', \
                        stopwords={'people', 'provide'}).generate(txt)
word_cloud.to_file('my_first_pic.png')
```

 温馨提示

我们可以看到，wordcloud被传入了background_color='white' 背景色为白色，和 stopwords={'people', 'provide'} 屏蔽people和provide词汇。

让我们看看生成词汇的效果。

图14-6　词云效果

14.3.2　中文词云实践

由于中文书写的习惯和英文不同，所以对于中文素材，我们需要自行分词，并用空格连接起来之后，再进行词云图制作。在词云图制作的时候，还需要指定中文字体。下面我们就举一个例子。

练习敲如下代码，并保存为14_3.py。

练一练

```
import jieba
from wordcloud import WordCloud
jieba.add_word('答得喵')
txt = '答得喵考试中心：答得喵提供微软认证和Adobe认证，答得喵除了提供考试服务之外，还提供教材
与教程，比如：答得喵出版的《玩转Excel就这3件事》《没人会告诉你的PPT真相》'
new_txt = ' '.join(jieba.lcut(txt))
word_cloud = WordCloud(width = 800, height = 800, \
                       font_path="C:\\Windows\\fonts\\msyh.ttc", \
                       background_color='white').generate(new_txt)
word_cloud.to_file('cn_pic.png')
```

温馨提示

1. 要看懂这段代码，需要了解第三方库jieba。
2. new_txt = ' '.join(jieba.lcut(txt))，就是通过jieba进行分词并用空格拼起来所组成新的文本字符串，并赋值给new_txt。
3. 生成词云的过程中，font_path="C:\\Windows\\fonts\\msyh.ttc"这个参数需要大家注意，我所使用电脑的微软雅黑字体（msyh.ttc）字体是安装在C盘Windows文件夹下的fonts子文件夹。

生成的效果如图所示：

图14-7　中文词云效果

14.4　常用框架&第三方库

看一看

表14-6

领域	第三方库名称
网络爬虫	requests、scrapy
数据分析	numpy、scipy、pandas
文本处理	pdfminer、openpyxl、python-docx、beautifulsoup4
数据可视化	matplotlib、tvtk、mayavi
用户图形界面	PyQt5、wxPython、PyGTK
机器学习	scikit-learn、TensorFlow、Theano
web开发	Django、Pyramid、Flask
游戏开发	Pygame、Panda3D、cocos2d
其他	PIL、SymPy、NLTK、WeRoBot、MyQR

温馨提示

1. 表格内为二级需要记住的内容。
2. PIL图像处理方面。
3. SymPy支持符号计算。
4. NLTK自然语言。
5. WeRoBot微信机器人框架。
6. MyQR产生二维码。

14.5　判断题

1. jieba是中文分词的第三方库。
2. PyInstaller库可以让Python脚本变成可执行程序。
3. requests是数据分析库。
4. import turtle 是指引入turtle库。
5. Python不能处理PDF文件。
6. 可以使用from jieba import lcut 引入 jieba库。

答案以及解释请扫二维码查看。

手机扫一扫，
查看相关扩展内容

15
Chapter

实际应用

考试认证类的内容到14章就已经结束了，但这并不是学习Python的截止点。

本章根据自己需求学习，不建议时长。

本篇不是为了考试而设，只是从众多Python的功能中，选了几个简单的供大家体会用编程完成工作带来的快感。

15.1 答得喵随机招聘试卷

15.1.1 背景

答得喵每个月都会有新员工入职，今年的毕业季有25名大学生来应聘。人力资源招聘官出了一份关于公司产品基本知识的考卷，希望你写一个程序来随机生成25份考卷。具体要求如下：

- 每份考卷有5道选择题，题目出现的次序是随机的。
- 每个问题有一个正确答案和三个随机出现的错误答案，答案的次序是随机的。
- 把测试问卷，写到25个文本文件中。
- 将答案写到25个文本文件中。

15.1.2 基础知识

为了完成任务，你需要特别熟悉本书11.3文件处理相关内容、9.6.4 random库，以及前7章的基础知识。

15.1.3 进入正题

我们采用的是类似手工处理的流程，其实我感觉这个挺重要的，如果你不知道在没有计算机的情况下，该怎么做一件事情，那么估计有了计算机，你也很难知道。

准备两张纸，一张作为问卷，另一张作为参考答案。首先把问题随机排列一下，为每个问题做可选答案，这些答案里面要包含正确答案和其他的错误答案，并且随机排序，然后再把问题和可选答案写到问卷上，并把正确答案写到参考答案上，就这样循环25次，把所有问题都循环做完。

我们只不过利用计算机的便利性，把这个过程再现了一次，形成了如下代码，当然你可能有更好的解法。

练习敲如下代码，完成任务并保存为randomtest.py。

练一练

```
# 答得喵人力资源招聘官有5道产品知识题，用于测试25个候选人，要求如下：
# 每份考卷有5道选择题，题目出现的次序是随机的
# 每个问题共有四个答案，由一个正确答案和三个随机错误答案组成，答案的次序是随机的
# 把测试试卷，写到25个文本文件中
# 将答案写到25个文本文件中
```

```python
import random

# 把5个人力资源招聘管出具的产品知识（软件或者编程语言与对应的认证名称）
# 放在字典key_point中
key_point = {'Office': 'MOS', 'Python': 'MTA', 'PhotoShop': 'ACA', 'PowerBI':
'MCP', 'All': '答得喵'}


# 因为要出25份考卷，所以我们需要循环25次，用序号变量serial_number进行for循环
for serial_number in range(25):

    # 创建考卷以及答案，我们采用with的方法依次同时打开问卷以及答案
    with open('问卷%s.txt' % (serial_number + 1), 'w', encoding='utf-8') \
        as question, open('答案%s.txt' % (serial_number + 1), 'w', \
                          encoding='utf-8') as answer:

        # 撰写考卷的抬头
        question.write('姓名: \n\n手机: \n\n ')
        question.write((' ' * 20) + '产品与认证对应关系测试（编号%s）' % (serial_number +
1) + '\n\n')

        # 生成考卷的题目也就是产品名列表
        products = list(key_point.keys())
        # 将题目的次序打乱
        random.shuffle(products)

        # 为考卷中的五个题目生成四个答案，并写入文件，并为考卷制作参考答案
        for answer_number in range(5):
            # 找出在字典中，每一个题目的正确答案
            correct_answer = key_point[products[answer_number]]
            # 制作错误答案，第一步，列出所有备选答案
            wrong_answer = list(key_point.values())
            # 制作错误答案，第二步，删掉正确答案
            del wrong_answer[wrong_answer.index(correct_answer)]
            # 制作错误答案，第三步，随机抽取三个错误答案
            wrong_answer = random.sample(wrong_answer, 3)
            # 合并出答案选项，正确答案必须变成列表才能和错误选项合并
            answer_list = [correct_answer] + wrong_answer
            # 打乱答案次序
            random.shuffle(answer_list)

            # 将题目写入文件
            question.write('第%s题: 产品%s所属的认证类型是？\n' % (answer_number +
1, products [answer_number]))
            # 将答案写入文件，每道题四个答案，所以循环四次。
            for answer_id in range(4):
                # 为每个答案编上ABCD的序号，并加上答案本身
```

```
              question.write('  %s.  %s\n' % ('ABCD'[answer_id], answer_
        list[answer_id]))
              # 每题之间加上空行
              question.write('\n')

              # 将本题序号与本题正确答案的序号，写到参考答案上
              answer.write('%s. %s\n' % (answer_number + 1, 'ABCD'[answer_list.
        index(correct_ answer)]))
```

温馨提示

每一句程序都有相应的注释，让你了解对应语句的作用，可以不用敲。

15.1.4 看看结果

在脚本所在的文件夹下，生成了问卷和答案各25份，如右图所示，具体每个问卷以及答案是否正确，你可以自行核对一下。

randomtest ⊘	答案13 ⊘	问卷1 ⊘	问卷14 ⊘
答案1 ⊘	答案14 ⊘	问卷2 ⊘	问卷15 ⊘
答案2 ⊘	答案15 ⊘	问卷3 ⊘	问卷16 ⊘
答案3 ⊘	答案16 ⊘	问卷4 ⊘	问卷17 ⊘
答案4 ⊘	答案17 ⊘	问卷5 ⊘	问卷18 ⊘
答案5 ⊘	答案18 ⊘	问卷6 ⊘	问卷19 ⊘
答案6 ⊘	答案19 ⊘	问卷7 ⊘	问卷20 ⊘
答案7 ⊘	答案20 ⊘	问卷8 ⊘	问卷21 ⊘
答案8 ⊘	答案21 ⊘	问卷9 ⊘	问卷22 ⊘
答案9 ⊘	答案22 ⊘	问卷10 ⊘	问卷23 ⊘
答案10 ⊘	答案23 ⊘	问卷11 ⊘	问卷24 ⊘
答案11 ⊘	答案24 ⊘	问卷12 ⊘	问卷25 ⊘
答案12 ⊘	答案25 ⊘	问卷13 ⊘	

图15-1 系统生成的文件列表

15.1.5 总结

这是包含有文件读写功能的实战案例，当然目前只是针对文本文件(.txt)，本章我们还会看到对于Excel文档的操作。

15.2 创建文件和答案文件压缩包

文件和文件压缩包，是我们在电脑上常用的功能，让我们用一个案例看看如何实现。

15.2.1 背景

写了很多招聘试卷的程序，为了便于网络传输，希望把文件夹里的问卷和答案各打包一份，然后传给同事，为了方便，可写一个程序。

15.2.2　基础知识

除了本书涉及的知识点之外，还需要了解：

- os.walk，遍历目录树，返回文件夹，子文件夹和文件。
- zipfile.ZipFile创建压缩文件，和创建文件有些类似。

15.2.3　进入正题

我们依然采用的是模仿手工处理的方式，首先确定被压缩文件所在的目录，本例就是脚本所在的目录，另外确认了我们需要压缩文件的特征。接着我们遍历文件特征，为每个特征创建压缩包，遍历所有文件，将符合条件的文件，放入到压缩包中。

敲如下代码，完成任务并保存为backup.py。

练一练

```python
import zipfile
import os


# 确定以当前脚本所在的文件夹，作为寻找目标文件并压缩的文件夹
folder = os.getcwd()
# 定义我们需要压缩的文件名特征，本例来说，开头是答案或问卷的文件都要压缩，并且分别压缩
# 这样处理，可以便于以后修改所需文件类型
file_type = ['答案', '问卷']


# 针对每个文件类型开始创建压缩文件
for each in file_type:
    # 确定压缩文件名
    file_name = each + '.zip'
    # 确保压缩文件不存在，如果存在需要提醒
    if os.path.exists(file_name):
        # 输出提醒内容
        print('文件已经存在！如确认要创建，请删除旧有文件。')
        # 终止程序运行
        break
    # 提示开始创建哪个压缩包
    print('创建压缩文件"%s"...' % file_name)
    # 使用zipfile模块创建压缩文件
    with zipfile.ZipFile(file_name, 'w') as backup:
        # 遍历当前文建加下的所有文件夹/子文件夹/文件
        for folder, subfolder, filenames in os.walk(folder):
            # 遍历所有文件
            for file in filenames:
                # 如果文件名的后缀是txt，文件名开头和each相同，才压缩
                if file[:2] == each and file[-3:] == 'txt':
```

```
        # 显示开始压缩
        print('正在添加文件%s到压缩包%s' % (file, file_name))
        # 把文件写入压缩文件
        backup.write(file)
    # 文件成功压缩提醒
    print('文件"%s"压缩顺利结束' % file_name)
```

温馨提示

每一句程序都有相应的注释，让你了解对应语句的作用，可以不用敲。

15.2.4　查看结果

运行程序之后，你会在屏幕上获得如下输出结果：

创建压缩文件"答案.zip"……

正在添加文件答案1.txt到压缩包答案.zip

……中间省略……

正在添加文件答案8.txt到压缩包答案.zip

正在添加文件答案9.txt到压缩包答案.zip

文件"答案.zip"压缩顺利结束

创建压缩文件"问卷.zip"……

正在添加文件问卷1.txt到压缩包问卷.zip

……中间省略……

正在添加文件问卷8.txt到压缩包问卷.zip

正在添加文件问卷9.txt到压缩包问卷.zip

文件"问卷.zip"压缩顺利结束

接着我们看看文件夹里面是怎样的。

图15-2　文件夹中多了对应的压缩文件 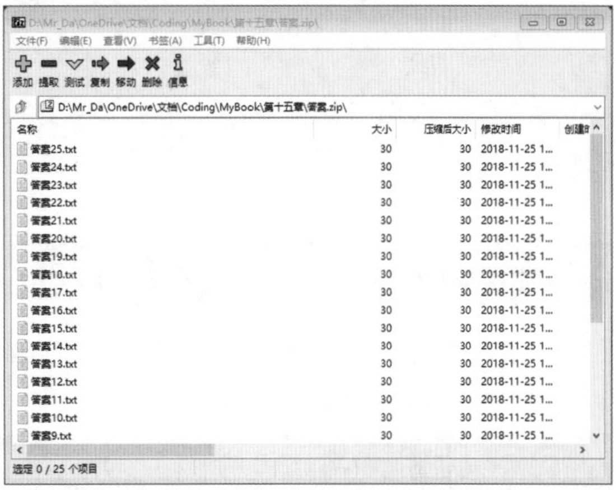　　　　　　　　图15-3　压缩包打开之后

15.2.5　总结

压缩打包是我们对文件的常见操作，如果你的工作也有类似这样的重复操作，可以考虑如此编写一个程序。

15.3　EXCEL文档批量更新数据

15.3.1　背景

答得喵有各个经销渠道，每个渠道都有一个价格表，这些价格表的格式都是统一的。

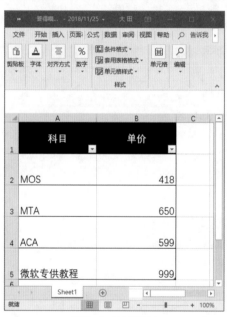

图15-4　价格表样板

现在要对MOS产品进行统一调价到500，并另存为新的报价表。你有两种选择，一种：一个个文件打开进行操作并另存；另一种方式，写个程序。

15.3.2　基础知识

除了本书需要的知识之外，还需要安装并使用openpyxl模块，用于操作Excel。

15.3.3　进入正题

整体思路仍然是模仿人手工操作，首先明确要处理哪个文件夹下的文件，要修改的内容是什么，然后打开文件夹下的每一个Excel工作簿，遍历工作簿中的每一张工作表，在每一张工作表的产品名里找寻目标，然后更新单价。

此处利用了Python的openpyxl模块，需要单独安装。

特别提醒：由于openpyxl时常更新，请安装与本书一样的版本（版本号：2.5.11），方可确保结果一致不会报错。

请运行pip install openpyxl==2.5.11进行安装。

敲如下代码，完成任务并保存为update.py。

练一练

```python
# 现在要对答得喵所有报价单里面的MOS产品
# 进行统一调价，调整到500
# 并把报价单另存为新的文件


# 导入必要的模块
import os
import openpyxl


# 确定要处理文件的目录，此处以当前脚本所在的文件夹下的Excel文件夹为例
folder = os.getcwd() + '\\Excel文件'
# 把当前文件夹变更为要处理的文件夹
os.chdir(folder)
# 指出要更新的内容，此处以MOS调整为500为例
update = {'MOS': 500}


# 利用os.walk遍历Excel文件夹，找出里面的文件夹、子文件夹、文件
for folder, subfolder, filenames in os.walk(folder):
    # 遍历每一个文件
    for file in filenames:
        # 确保只处理Excel文件，此处以文件后缀是否为xlsx为判断依据
        if file[-4:] == 'xlsx':
            # 打开Excel文件
            wb = openpyxl.load_workbook(file)
            # 读取Excel中所有的工作表
            sheets = wb.sheetnames
            # 遍历每一个工作表
            for each in sheets:
                # 确定一个要处理的工作表
                sheet = wb[each]
                # 遍历当前工作表用过的每一行
                for row_num in range(sheet.max_row):
                    # 找出每一行的产品名product_name
```

```
                product_name = sheet.cell(row=row_num + 1, column=1).value
                # 检查产品名是否在需要更新的字典中
                if product_name in update:
                        # 更新单价
                        sheet.cell(row=row_num + 1, column=2).value =
update[product_name]
                # 工作簿另存
                wb.save('update_' + file)
```

温馨提示

每一句程序都有相应的注释，让你了解对应语句的作用，可以不用敲。

15.3.4 查看结果

图15-5 运行前文件夹内文件如图所示

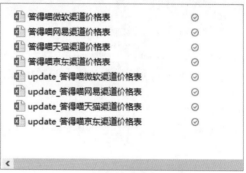

图15-6 运行后文件夹内文件如图所示

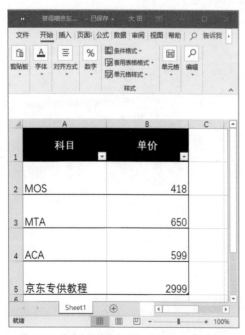

图15-7 修改之前的京东价格，注意MOS产品价格

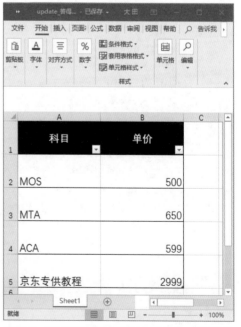

图15-8 修改后的答得喵京东价格，注意MOS产品价格

15.3.5 总结

批量处理办公文档，是一件经常要做的事情，需要安装及使用其他模块即可，难点在于Python有浩大的第三方库，在找到适合的库以及了解该库的使用方法上，需要消耗一些功夫。

手机扫一扫，
查看相关扩展内容

本书到此，只是先介绍了三个最为简单的应用案例，从这些案例中我们可以发现，除了我们已经学过的知识，通过第三方库，我们能够不断地拓展自身的能力。

其实，Python自身也非常强大，加上浩大的第三方库，使其可以做更多的事情，本书由于篇幅所限，只会在此告为段落。后续，我们将会通过补充内容，不断地补充各种实践案例。

对你来说，到此，你对Python的探索才刚刚开始，一扇通往崭新世界的大门正在为你而打开。

补充案例请扫二维码查看。

Appendix

附录

附录是书中提及，但是未详细列出的内容。

附录A 关键字列表

关键字也成为保留字，我们编写程序的时候，不能命名与关键字相同的标识符，每种程序语言，都有一套关键字。关键字通常用于构建程序整体框架、表达关键值。

练习在交互模式下，调出Python关键字列表：

练一练

```
>>> import keyword
>>> keyword.kwlist
```

温馨提示

在IDLE的交互模式下，输入代码段，可以输出当前版本的所有关键字。

表格16-1 33个关键字列表

False	None	True	and	as
assert	break	class	continue	def
del	elif	else	except	finally
for	from	global	if	import
In	is	lambda	nonlocal	not
Or	pass	raise	return	try
while	with	yield		

附录B 常用转义字符列表

记一记

表格16-2 转义字符列表

转义字符	描述
\(在行尾时)	续行符
\\	反斜杠
\'	单引号
\"	双引号
\n	换行
\t	横向制表符

附录C 常用字符串格式化符号

记一记

内容	解释
%c	格式化字符及其ASCII码
%s	格式化字符串
%d	格式化整数
%u	格式化无符号整型
%o	格式化无符号八进制数
%x	格式化无符号十六进制数
%X	格式化无符号十六进制数（大写）
%f	格式化浮点数字，可指定整数与小数部分的格式
%e	用科学计数法格式化浮点数
%E	作用同%e，用科学计数法格式化浮点数
%g	%f和%e的简写
%G	%f和%E的简写
%p	用十六进制数格式化变量的地址

附录D MTA PYTHON大纲

Perform Operations using Data Types and Operators使用数据类型和运算符执行操作(20-25%)

（1）Evaluate an expression to identify the data type Python will assign to each variable 评估表达式以确定 Python 将分配给每个变量的数据类型

- Identify str, int, float, and bool data types识别str、int、浮点和 bool 数据类型

（2）Perform data and data type operations执行数据和数据类型操作

- Convert from one data type to another type从一种数据类型转换为另一种类型
- Construct data structures构建数据结构
- Perform indexing and slicing operations执行索引和切片操作

（3）Determine the sequence of execution based on operator precedence根据运算符优先级 确定执行顺序

- Assignment赋值
- Comparison比较
- Logical逻辑
- Arithmetic算术

- Identity (is)身份
- Containment (in) 包容

（4）Select the appropriate operator to achieve the intended result为到预期的结果，选择正确的运算符

Control Flow with Decisions and Loops带有决策和循环的控制流 (25-30%)

（1）Construct and analyze code segments that use branching statements编写、分析和使用分支语句的代码

- if; elif; else;if/elif/else;
- nested and compound conditional expressions　嵌套和复合条件表达式

（2）Construct and analyze code segments that perform iteration　编写、分析和使用循环语句的代码

- while; for; break; continue; pass;
- 普通循环和复合条件表达式嵌套的循环

Perform Input and Output Operations 执行输入和输出操作 (20-25%)

（1）Construct and analyze code segments that perform file input and output operations 编写、分析和使用文件输入和输出操作的代码

- Open; close; read; write; append; check existence; delete; with statement

（2）Construct and analyze code segments that perform console input and output operations构造和分析执行控制台输入和输出操作的代码段

- Read input from console; print formatted text; use of command line arguments从控制台读取输入;打印格式化文本;命令行参数的使用"

Document and Structure Code文档和结构代码(15-20%)

（1）Document code segments using comments and documentation strings使用注释和文档字符串记录代码段

- Use indentation使用缩进
- white space空格
- comments注释
- documentation strings文档字符串
- generate documentation by using pydoc使用 pydoc 生成文档

（2）Construct and analyze code segments that include function definitions构造和分析包含函数定义的代码段

- Call signatures; default values; return; def; pass

Perform Troubleshooting and Error Handling执行故障排除和错误处理 (5-10%)

（1）Analyze, detect, and fix code segments that have errors分析、检测和修复具有错误的代码段

- Syntax errors; logic errors; runtime errors语法错误；逻辑错误；运行时错误

（2）Analyze and construct code segments that handle exceptions分析和构造处理异常的代码段

- Try; except; else; finally; raise

Perform Operations Using Modules and Tools使用模块和工具执行操作 (1−5%)

（1）Perform basic operations using built-in modules使用内置模块执行基本操作

- Math; datetime; io; sys; os; os.path; random

（2）Solve complex computing problems by using built-in modules使用内置模块解决复杂计算问题

- Math; datetime; random

附录E 计算机二级PYTHON大纲

基本要求

- 掌握Python语言的基本语法规则。
- 掌握不少于2个基本的Python标准库。
- 掌握不少于2个Python第三方库，掌握获取并安装第三方库的方法。
- 能够阅读和分析Python程序。
- 熟练使用IDLE开发环境，能够将脚本程序转变为可执行程序。
- 了解Python计算生态在以下方面（不限于）的主要第三方库名称：网络爬虫、数据分析、数据可视化、机器学习、Web开发等。

考试内容

1. Python语言基本语法元素

（1）程序的基本语法元素：程序的格式框架、缩进、注释、变量、命名、保留字、数据类型、赋值语句、引用。

（2）基本输入输出函数：input()、eval()、print()。

（3）源程序的书写风格。

（4）Python语言的特点。

2. 基本数据类型

（1）数字类型：整数类型、浮点数类型和复数类型。

（2）数字类型的运算：数值运算操作符、数值运算函数。

（3）字符串类型及格式化：索引、切片、基本的format()格式化方法。

（4）字符串类型的操作：字符串操作符、处理函数和处理方法。

（5）类型判断和类型间转换。

3. 程序的控制结构

（1）程序的三种控制结构。

（2）程序的分支结构：单分支结构、二分支结构、多分支结构。

（3）程序的循环结构：遍历循环、无限循环、break和continue循环控制。

（4）程序的异常处理：try-except。

4. 函数和代码复用

（1）函数的定义和使用。

（2）函数的参数传递：可选参数传递、参数名称传递、函数的返回值。

（3）变量的作用域：局部变量和全局变量。

5. 组合数据类型

（1）组合数据类型的基本概念。

（2）列表类型：定义、索引、切片。

（3）列表类型的操作：列表的操作函数、列表的操作方法。

（4）字典类型：定义、索引。

（5）字典类型的操作：字典的操作函数、字典的操作方法。

6. 文件和数据格式化

（1）文件的使用：文件打开、读写和关闭。

（2）数据组织的维度：一维数据和二维数据。

（3）一维数据的处理：表示、存储和处理。

（4）二维数据的处理：表示、存储和处理。

（5）采用CSV格式对一二维数据文件的读写。

7. Python计算生态

（1）标准库：turtle库（必选）、random库（必选）、time库（可选）。

（2）基本的Python内置函数。

（3）第三方库的获取和安装。

（4）脚本程序转变为可执行程序的第三方库：PyInstaller库（必选）。

（5）第三方库：jieba库（必选）、wordcloud库（可选）。

（6）更广泛的Python计算生态，只要求了解第三方库的名称，不限于以下领域：网络爬虫、数据分析、文本处理、数据可视化、用户图形界面、机器学习、Web开发、游戏开发等。

考试方式

上机考试，考试时长120分钟，满分100分。

1. 题型及分值

- 单项选择题40分（含公共基础知识部分10分）。

- 操作题60分（包括基本编程题和综合编程题）。

2. 考试环境

Windows 7 操作系统，建议Python3.4.2至Python3.5.3版本，IDLE开发环境。

附录F　日期格式化符

记一记

表16-3

内容	解释
%y	两位数的年份表示（00-99）
%Y	四位数的年份表示（0000-9999）
%m	月份（01-12）
%d	月内中的一天（0-31）
%H	24小时制小时数（0-23）
%I	12小时制小时数（01-12）
%M	分钟数（00=59）
%S	秒（00-59）
%a	本地简化星期名称
%A	本地完整星期名称
%b	本地简化的月份名称
%B	本地完整的月份名称
%c	本地相应的日期表示和时间表示
%j	年内的一天（001-366）
%p	本地A.M.或P.M.的等价符
%U	一年中的星期数（00-53）星期天为星期的开始
%w	星期（0-6），星期天为星期的开始
%W	一年中的星期数（00-53）星期一为星期的开始
%x	本地相应的日期表示
%X	本地相应的时间表示
%Z	当前时区的名称
%%	%号本身

 温馨提示

以上就是格式化符号。